排水管网溯源排查指南

PAISHUI GUANWANG SUYUAN PAICHA ZHINAN

孙东晓　周如成　张士民
潘　刚　王春华　杨　君　等　编著

图书在版编目(CIP)数据

排水管网溯源排查指南/孙东晓等编著.—武汉:中国地质大学出版社,2024.5
ISBN 978-7-5625-5828-6

Ⅰ.①排… Ⅱ.①孙… Ⅲ.①排水管道-管网-管道维修 Ⅳ.①TU992.4

中国国家版本馆 CIP 数据核字(2024)第 080528 号

排水管网溯源排查指南	孙东晓　周如成　张士民 潘　刚　王春华　杨　君	等 编著

责任编辑:李应争	选题策划:江广长　段　勇	责任校对:徐蕾蕾

出版发行:中国地质大学出版社(武汉市洪山区鲁磨路388号)	邮编:430074
电　　话:(027)67883511　　传　　真:(027)67883580	E-mail:cbb@cug.edu.cn
经　　销:全国新华书店	http://cugp.cug.edu.cn

开本:787 毫米×1092 毫米　1/16	字数:160 千字	印张:6.25
版次:2024 年 5 月第 1 版	印次:2024 年 5 月第 1 次印刷	
印刷:武汉睿智印务有限公司		

ISBN 978-7-5625-5828-6	定价:78.00 元

如有印装质量问题请与印刷厂联系调换

《排水管网溯源排查指南》
编委会

主　　　任：孙东晓　周如成

副 主 任：张士民　潘　刚　王春华　杨　君

编委会委员：彭寿海　丁　磊　卢炯元　崔晓龙　肖　俊
　　　　　　王　力　韩少波　张海涛　张　超　薛凤祥
　　　　　　李智刚　代　毅　王福芝　潘胤生　邱志梁
　　　　　　李华松　王传闻　张　迪　蒋升城　陈关宇
　　　　　　吴　成　郭　俊　魏　猛　杨　勇　胡宝成
　　　　　　丁　科　李文文　胡志磊　孙　雄　田志龙
　　　　　　王艳丽　刘　扬　王明祥　左媛媛　郑明霞
　　　　　　袁　华　余素梅　唐　跃　李东龙　张继平
　　　　　　张　振　吕晓锋　刘子扬　冯　麟　刘宏达
　　　　　　杨　桥　李　壮　孙　瑀　张敬硕　刘　鹏
　　　　　　张　卓　赵　卓　李　臻

主编单位：中铁上海工程局集团有限公司

　　　　　中铁上海工程局集团市政环保工程有限公司

编制单位：中国长江三峡集团有限公司

　　　　　台州市水务集团股份有限公司

　　　　　安徽工业大学

　　　　　兰州交通大学

　　　　　深圳市博铭维技术股份有限公司

　　　　　台州市现代工程建设有限公司

序

随着城市化进程的加快，地下排水管网作为城市基础设施的重要组成部分，其管理和维护显得愈发重要。排水管网长期处于地下且运行环境复杂，因设计、建设方面的局限性，往往存在潜在问题与隐患，如管道老化、破损、沉积物堵塞等，不仅影响管网的正常运行，还影响周边环境，对其公共安全构成威胁。因此，对排水管网定期开展溯源排查与病害检测评估至关重要。

中铁上海工程局集团有限公司作为国内水务环保建设领域的领军企业，在排水管网检测评估方面积累了大量工程经验，为更好地促进行业发展并指导企业类似项目的标准化作业，编撰者花费大量精力整理资料并编制了本指南。

本指南从排水管网雨污混接排查、管道周边土体病害检测以及管道内部检测与运行状况评估等方面对排水管网溯源排查及病害检测评估技术进行了系统阐述，并对声呐检测、CCTV检测、管道潜望镜检测进行案例分析，内容条理清晰、图文并茂、适用性强，具有较大参考价值。本指南的出版进一步丰富与完善了国内排水管网溯源排查及病害检测评估技术，对排水管网工程项目具有一定的指导与借鉴意义。

本指南的编撰者大多来自工程一线的技术人员、管理人员，具备丰富的施工管理经验和技术水平，在排水管网溯源排查、病害检测评估方面具有独特见解和经验。我将本指南推荐给大家，希望对我国排水管网溯源排查及病害检测评估技术水平的提高起到促进作用。

马保松
2024 年 3 月

前　言

随着城市规模的不断扩大和城镇化程度的不断提高,地下排水管网管理与运营中存在的问题如城市内涝、黑臭水体、污水进厂难度高等越来越突出。在水环境修复治理方面,排水管网在其中的作用与重要性凸显,厘清系统方可"对症下药",城市内涝、水体污染、污水进厂浓度等问题治理的前提在于摸清雨污混接、排水管道属性与健康状况等现状,进一步建立健康、完善的排水管网系统与管理机制。为更好地指导排水管网检测评估与修复工作,特编制本指南。

本指南基于排水管网存在的潜在问题与风险,对管网调查的主要内容、侧重点进行了明晰,总结了管网基础属性信息、健康状况、混接错接等多源数据的采集方式,明确了雨污混接排查、管道周边土体病害检测、管道内部检测与评估的基本要求、检测设备与方法,并整理了管道CCTV检测、声呐检测、管道潜望镜检测的实践案例。本指南中涉及的排水管网检测评估技术均为实践项目中应用过的技术,包括双频探地雷达检测技术、管道CCTV检测技术、管道潜望镜检测技术、管道电流法测漏检测技术、管中雷达检测技术等。随着排水管网溯源排查及病害检测评估技术的不断更新迭代,本指南将适时修订完善。

本指南主要起草单位:中铁上海工程局集团市政环保工程有限公司。

本指南由中铁上海工程局集团市政环保工程有限公司负责管理与技术解释。请各单位在使用过程中,及时总结实践经验,提出意见和建议。

编著者
2024 年 1 月

目 录

第一章 总 则 ·· (1)
第二章 排水管网雨污混接排查 ·· (2)
   第一节 排查内容 ·· (2)
   第二节 雨污混接排查方法 ·· (3)
   第三节 混接点分布图记录与编制 ··· (5)
   第四节 混接流量测定 ·· (7)
   第五节 混接水质监测 ·· (8)
第三章 管道周边土体病害检测 ·· (10)
   第一节 基本要求 ·· (10)
   第二节 检测设备 ·· (10)
   第三节 检测方法 ·· (11)
   第四节 图谱判读 ·· (12)
第四章 管道内部检测 ·· (14)
   第一节 基本要求 ·· (14)
   第二节 检测设备 ·· (15)
   第三节 检测方法 ·· (17)
   第四节 结果判读 ·· (23)
第五章 排水管道状况评估 ·· (24)
   第一节 基本规定 ·· (24)
   第二节 检测项目名称、代码及等级 ·· (24)
   第三节 管道周边环境状况评估 ··· (28)
   第四节 管道结构性状况评估 ·· (31)
   第五节 管道功能性状况评估 ·· (33)
附录1 术 语 ··· (35)
附录2 各缺陷标准定义、等级及样图 ··· (37)
附录3 引用标准名录 ··· (52)
附录4 CCTV检测案例 ·· (53)
   第一节 CCTV检测项目 ·· (53)
   第二节 CCTV检测方案 ·· (55)
   第三节 CCTV检测报告 ·· (58)

附录5 声呐检测案例 …………………………………………………………… (65)
　　第一节　声呐检测项目 ………………………………………………………… (65)
　　第二节　声呐检测方案 ………………………………………………………… (67)
　　第三节　声呐检测报告 ………………………………………………………… (69)
附录6 管道潜望镜检测案例 ……………………………………………………… (82)
　　第一节　管道潜望镜检测项目 ………………………………………………… (82)
　　第二节　管道潜望镜检测方案 ………………………………………………… (84)
　　第三节　管道潜望镜检测报告 ………………………………………………… (86)

第一章 总 则

1 编制目的

为指导城镇排水管网溯源排查及病害检测工作,规范排查技术,统一相关标准,有效指导污水处理提质增效,尽快实现污水管网全覆盖、全收集、全处理,制定本指南。

2 适用范围

本指南总结和借鉴了国内外排水管网溯源排查的实践经验,参考相关规范、标准和研究,适用于多类型排水管网溯源工作的实施,城镇排水户排查、市政和小区管线排查、市政和小区雨污混接排查、管道病害检测等,可作为排水管网修复和改造、雨污混接改造等污水处理提质增效工程的依据。

本指南未作明确要求的,按国家、行业、地方有关规范和标准执行;国家、行业、地方颁布的规范或标准,相关条款要求高于本指南要求的,适用从高、从严原则。国家、行业、地方新规范、新标准颁布实施后,适时修订本指南。

第二章　排水管网雨污混接排查

第一节　排查内容

1.城镇分流制排水系统雨污混接调查内容包括混接位置、混接流量、混接水质、排放口和污染源,并对调查结果进行分析和判断,得出雨污混接程度的评估结论。

2.调查程序应按照以下步骤:收集资料、现场踏勘、混接预判、编写调查技术设计文本、现场调查、编写调查报告书、提交调查成果。

3.收集资料包括下列内容:

(1)已有的排水管线图或排水系统 GIS;

(2)管道的竣工资料;

(3)已有的管道检测资料;

(4)调查区域的用水量;

(5)泵站的运行数据;

(6)调查区域排水户的接管信息;

(7)其他相关资料。

4.现场踏勘包括下列内容:

(1)查看调查区域的地物、地貌、交通和排水管道分布等情况;

(2)查看排水管道的水位、淤积、水流等情况;

(3)核对已有管线资料的走向、规格和管道属性等要素。

5.有下列现象之一的,可预判为调查区域内有雨污混接的可能:

(1)持续3个旱天后,雨水管道内有水流动;

(2)持续3个旱天后,雨水管排放口有污水流出;

(3)旱天时,雨水管道内 COD_{cr}(采用重铬酸钾作为氧化剂测定的化学耗氧量)浓度下游明显高于上游;

(4)旱天时,雨水泵站集水井水位超过地下水水位高度或造成放江;

(5)旱天时,在同一时段内,雨水泵站运行时,相邻污水管道水位也会下降;

(6)雨天时,污水井水位比旱天水位明显升高或产生冒溢现象;

(7)雨天时,污水泵站集水井水位较高;

(8)雨天时,污水管道内 COD(化学耗氧量)浓度下游明显低于上游。

6.技术设计文本包括下列内容:

(1)目的、任务、范围和期限;

(2) 已有的资料分析、调查条件、管网建造年代等概况;
(3) 技术方案,包括调查内容、调查方法、混接评估;
(4) 质量保证体系与具体措施;
(5) 工作量预估与工作进度;
(6) 人员组织、设备、材料计划;
(7) 拟提交的成果资料。

7. 地下水渗入不作为雨污混接调查内容,但对已发现的情况应专门加以说明。

第二节 雨污混接排查方法

1. 雨污混接排查前,应在技术方案的基础上,对资料进一步分析,重点针对预判存在混接现象区域的情况,选择混接调查手段,并分析该调查手段的有效性,必要时进行试验。

2. 雨污混接调查的主要目的在于查明调查地区雨污管道相互连通的状况、混接点准确位置等信息,其调查的方法包括人工调查、潜望镜检查、烟雾检查、染色检查等,具体方法参照《城镇排水管道检测与评估技术规程》(CJJ 181—2012)。在调查中,根据现场的实际情况,选择合适的方法进行雨污混接调查工作。调查方法适用条件及注意事项详见表2-1。

表2-1 雨污混接调查方法适用条件及注意事项表

排查方法	适用条件	注意事项
人工调查	水位较低的检查井,通过目测、简易工具等方式进行开井调查	适用范围较窄,局限性大,难适应管道内水位高的情况,不能明确管道的结构和功能性状况
潜望镜检测	检测管道内水面以上的情况,管道长度不宜大于50m	观察管道是否存在严重的堵塞、错口、渗漏等问题,镜头保持在水面以上
声呐检测	管道内应有足够的水深,即管内水深不宜小于300mm	声呐探头的推进方向应与水流方向一致,并与管道轴线一致,探头行进速度不宜超过0.1m/s
CCTV(无损探伤)检测	不应带水作业。当现场条件无法满足时,应降低水位,确保管道内水位不大于管道直径的20%	检测前应对管道实施封堵、导流,使管内水位满足检测要求,在进行结构性检测前应对被检测管道做疏通、清洗
烟雾检查	在管道内无水或少量水时(充满度小于0.65),调查管道的连接方式	不需要检查的管道进行临时封堵
染色检查	在管道内有一定水量且水体流动的条件下进行	需人工辅助观测
泵站配合调查	在泵站配合排水时,通过观察管道内水流方向来确定管道的连接状况	需人工辅助观测
水质检测	无法目测判定接入水体性质的情况下,通过测定水质的COD浓度,判断接入点是否为混接点	满足采样要求,及时送样分析

3.对排查范围内的雨污水管道及附属设施通过人工调查、染色实验、烟雾实验等方法来判定管道内混接点的位置,再通过相关仪器对混接量和混接水质做进一步的测定,从而查明整个排水系统的真实混接状况,并对混接的严重程度进行科学判断,按照表2-2填写混接点信息,作为下一步调查的依据。

表2-2 混接点信息调查表

所属单元:　　　　所属区块:　　　　图幅编号:　　　　调查时间:

混接点编号		混接点示意图
混接地点		
混接状况说明		
接入水体描述		
混接原因		
备注		
混接处的照片、CCTV检测截屏或声呐检测截屏等图片		

调查者:　　　　　　　　记录者:　　　　　　　　第　页,共　页

4.对调查的管道逐个开井调查,记录管道属性、连接关系、材质、管径,在混接位置实地标注可识别记号,并按照表2-3填写检查井调查表。

表2-3 检查井调查表

所属系统:　　　　所在道路及路段:　　　　图幅编号:　　　　调查时间:

调查井(口)编号	连接井(口、点)编号	管道形状	管径/断面(mm)	流向	管道属性	连通状况		混接状况		备注
						是	否	是	否	

调查者:　　　　　　　　记录者:　　　　　　　　第　页,共　页

5.开井目视检查,有下列情形之一的可判别该井为混接点:

(1)雨水检查井或雨水口中有污水管或合流管接入;

(2)污水检查井中有雨水管或合流管接入。

6.确定混接点后应拍摄井内照片和周边参照物照片。

7.仪器探查一般用于隐蔽混接点查找,在开井调查无法判断管内混接情况时使用。

8.在管道内水位满足条件的情况下,宜先采用CCTV潜望镜进行混接点检测。

9.在潜望镜无法有效查明或混接点要求准确定位的情况下,应采用CCTV检测。使用CCTV检查时,管道内水位应不影响混接点判定且爬行器能进入管道自由行走。

10. 管道水位高时，可通过泵站配合、封堵抽水降低水位或采用声呐辅助来判断管内混接情况，并确定连接关系。

11. 探查发现管道有支管暗接的，应调查暗接管道性质，判断是否属于混接点。

12. 染色检查可确定管道连接现状，使用该方法时，应满足下列规定：

(1) 管内有一定水量，且水体流动；

(2) 染色剂必须投放上游检查井；

(3) 必须采用无毒、无害的彩色染色剂，亦可用高锰酸钾替代。

13. 烟雾检查可确定管道连接现状，使用该方法时，应满足下列规定：

(1) 管道内无水或有少量水时（充满度小于0.65）；

(2) 无需检查方向的管道应予以封堵；

(3) 必须使用无毒、无害彩色烟雾发生剂和专用鼓风机。

14. 可通过检查井内疑似混接管道接入口水质检测，确定管道的连接现状。

15. 可通过泵站配合，根据水流方向确定管道的连接现状。

第三节　混接点分布图记录与编制

1. 混接点位置分布图包括 1∶500 或 1∶1000 的雨污混接点分布图，以及 1∶2000 及其以上的雨污混接点分布总图。雨污混接点分布详见图 2-1。

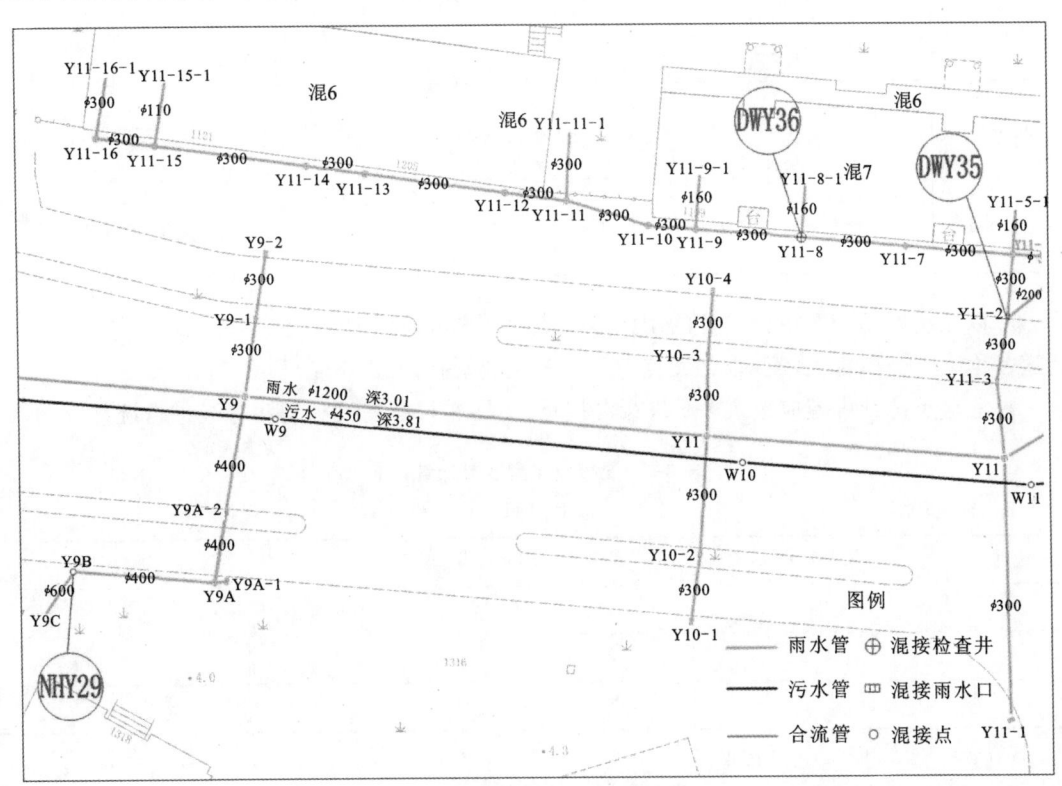

图 2-1　雨污混接点分布案例图

2.雨污混接点分布图,应满足下列规定:

(1)底图宜利用已有的排水系统GIS绘制雨污混接点分布图,数字地形图作为混接点分布图的底图时,底图图形元素的颜色全部设定为浅灰色;

(2)图形要素包含道路名称、泵站、管道、管线材质、管径、标高或埋深、流向、混接点编号、混接点位置与标注等;

(3)混接点分布图的符号、图例与图层详见表2-4。

表2-4 混接符号、图例与图层

符号名称	图例	线型	颜色/索引号	CAD图层	CAD块名	说明
雨水		实线	棕色(16)	YS_LINE		按管道中心绘示,标注管径
污水		实线	红色(1)	WS_LINE		按管道中心绘示,标注管径
合流		实线	褐色(30)	WS_LINE		按管道中心绘示,标注管径
混接检查井			蓝色(5)	HJ_CODE	HJ-YJ	方向正北
混接雨水口			蓝色(5)	HJ_CODE	HJ-YB	方向正北
混接点			蓝色(5)	HJ_CODE	HJD	方向正北
混接扯旗		实线	蓝色(5)	HJ_MARK		垂直于管道方向

3.以系统或调查区域为单位的雨污混接点分布图要素包括系统范围、泵站位置、街道线、街道名称、主干管、管径、流向、交叉点、变径点、主要混接点(2、3级)。

4.混接点统计内容应按表2-5进行混接点记录,并按照混接类型和等级进行统计。

表2-5 混接点类型及等级统计表

所属系统: 　　　　　　　　　　填表时间:

编号	接入管径	混接水量、水质	混接程度

调查者: 　　　记录者: 　　　调查日期: 　　　第　页,共　页

第四节　混接流量测定

1. 流量测定可用于探查下列情况：
(1)测定混接点的雨污混接程度；
(2)测定排水系统间连通水量；
(3)对常规手段无法测定的管道,通过上、下游安装流量计,判断混接情况；
(4)间歇式排水户,通过连续流量测定,对是否存在混接情况进行判定；
(5)通过对入河排放口流量测定,判断混接程度。
2. 在确定混接点位置后,应对已查明混接处流入流量进行流量测定。
3. 混接点流量测定应根据实际情况确定监测时段。
4. 流量测定点位的选择,应符合下列规定：
(1)在测定流量之前,应进行现场勘查,了解水流状况、管内污泥淤积程度、管道所处路面的交通情况与测量设备安装条件等；
(2)应利用管网图确定安装点位与具体安装位置。
5. 流量测定方法包括容器法、浮标法和速度-面积流量计测定法 3 种,应符合下列规定：
(1)容器法适用于井的混接流量测定和检测上、下游流量差,所使用的器材有容器(至少一面是平面)和秒表。

流量计算式为：

$$Q = V \times 3600 \times 24/t \tag{2-1}$$

式中：

Q——流量,m^3/d；

V——容器内水的体积,m^3；

t——收集时间,s。

(2)浮标法适用于管道非满流的情况,所使用的器材有浮标、皮尺和秒表。其中浮标流动的起止点距离用皮尺丈量,读数精确到厘米；浮标流动的时间采用秒表计时。

流量计算式为：

$$Q = 3600 \times 24 \times A \times L/t \tag{2-2}$$

式中：

Q——流量,m^3/d；

A——管道横断面面积,m^2；

L——浮标流动的起止点距离,m；

t——所用的时间,s。

在式(2-2)中,管道横断面面积 A 根据管道横断面形状分为矩形和圆形两种,计算公式分别为

$$A(矩形) = 管沟宽 \times 水位高 \tag{2-3}$$

$$A(圆形) = 0.5lR \pm 0.5dh \tag{2-4}$$

式中：

l——图2-2中AB的弧长,m;
R——管道断面的半径(即图2-2中的OA、OB),m;
d——水面位置的弦长(即图2-2中的AB),m;
h——$\triangle AOC$的高(即图2-2中的OC高),m。

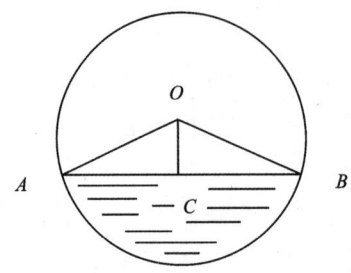 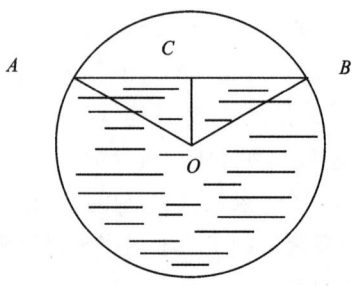

图2-2 圆形管道横断面示意图

(3)速度-面积流量计测定法适用于满管和非满管的流量测量,所使用的器材有速度-面积流量计、探头固定装置和计算机。

(4)使用该仪器进行流量测量时应注意以下事项:

①安装探头时应注意避免被泥土覆盖;

②管中水流清澈时,该仪器无效;

③仪器在使用前要进行校准。

6.流量测定结果应按照表2-6填写流量测定记录表。

表2-6 流量测定记录表

所属系统: 填表时间:

测定井(点)编号	上(下)游井(点)编号	时间	天气	测量方法	管径(mm)	水位(mm)	流速(m/s)	流量(m³/d)

测量者: 记录者: 调查日期: 第 页,共 页

第五节 混接水质监测

1.水质检测可用于探查下列情况:

(1)测定混接点的雨污混接污染程度;

(2)测定排水户雨污水水质,判断是否存在混接;

(3)测定排水系统关键节点水质,判断是否存在混接。

2. 水质检测项目一般包括 COD 值、pH 值。

3. 根据不同混接对象所排放的污水特性可增加特征因子:工业企业污水混接可加测氨氮(NH_4^+-N),餐饮业污水混接可加测动植物油,居民生活污水混接可加测阴离子表面活性剂(LAS),海水倒灌混接加测氯离子(Cl^-)。

4. 当进行区域管网混接预判时,取样点应选择在该区域收集干管的末端;当进行内部排水系统混接预判时,取样点应选择在出门检查井。

5. 在确定混接点位置后,宜对污染程度高的流入体提取水样,并进行水质测定。

6. 应根据排水特点,选择取样时间,通过水质检测结果及变化幅度判断混接类型和混接程度。

7. 宜采用自动采样装置进行定时采样,合理设置启动采用时间,确保采集到有代表性的样品。

8. 水质检测可用快速 COD 测定仪或者实验室方法进行测定。

9. 水质测定结果应按照表 2-7 的格式填写水质检测记录表。

表 2-7 水质检测记录表

所属系统: 填表时间:

取样井(点)编号	上(下)游井(点)编号	取样时间	COD	pH	氨氮(NH_4^+-N)	动植物油	阴离子表面活性剂(LAS)	氯离子(Cl^-)	备注

检测者: 记录者: 调查日期: 第 页,共 页

第三章　管道周边土体病害检测

第一节　基本要求

1. 目前国内各单位多采用地质雷达法对管道周边土体病害进行检测,行业内有一定的工程经验积累,对病害图像解读及评估比较成熟,因此本指南采用地质雷达法作为管道周边土体病害的检测。探地雷达也称为地质雷达(GPR),是通过雷达天线发射高频电磁脉冲来探测地下目标体。雷达发射的脉冲遇到地下各种界面产生反射,返回到地面被雷达接收机接收。反射界面可以是地下空洞顶面、土分界面、人工物体或者任何其他具有介电性对比特性的界面。雷达信号通过贴近地表的天线传递到地面,发射天线或另一个单独的接收天线都可以接收到反射信号。图形记录器会对接收的信号进行处理,然后显示出来。因为天线(或者天线对)沿着表面移动,所以图形记录器显示结果为截面记录或地面雷达图像,并且在地质雷达相对大多数土层物质表现短波长,对界面和独立目标体的分辨率极佳。

2. 一般规定:
(1)对于埋深不大于6m的管道探测及其周边土体病害检测,宜采用探地雷达设备;
(2)在管道周边土体病害检测实施前,应进行详细准确的管道现场调查及相关资料收集;
(3)雨、雪天气或场地内有大量积水时,不应进行探地雷达检测;
(4)采用地质雷达法对管道周边土体病害进行检测,还应符合《城市工程地球物理探测标准》(CJJ/T 7—2017)及《城市地下病害体综合探测与风险评估技术标准》(JGJ/T 437—2018)的规定。

第二节　检测设备

1. 探地雷达设备应性能稳定、结构牢固可靠、防潮、抗震、绝缘性能良好,能在−10～40℃的气温条件下或潮湿环境中正常工作。
2. 探地雷达主机的主要性能指标应符合下列规定:
(1)系统增益不应低于150dB;
(2)信噪比不应低于120dB,最大动态范围不应低于150dB;
(3)计时误差不应大于1.0ns;
(4)最小采样间隔应达到0.5ns,A/D转换不应低于16bit;
(5)扫描速率不应低于64次/s;
(6)系统应具有可选的信号叠加、时窗、实时滤波、增益、点测或连续测量、手动与自动位置标记等功能,应具有现场数据处理和实时显示功能,且数据显示应有曲线、色阶与灰阶等多种形式可供选择。

3. 探地雷达天线应具有屏蔽功能,其中心频率、探测深度、精度及配置要求应按表3-1中的规定选用。当多个频率的天线均能满足探测深度要求时,应选择频率相对较高的天线。

表 3-1　探地雷达天线中心频率、探测深度、精度及配置要求表

天线中心频率范围(MHz)	探测深度范围(m)	探测精度(m)	配置要求
100～200	0～6	0.4	不少于1种
100～200	0～3	0.25	不少于1种
100～200	0～1	0.1	不少于1种

第三节　检测方法

1. 探地雷达检测前,应根据任务要求进行参数设置和介电常数标定。采用测距轮模式时,应对测距轮进行现场标定。

2. 单个数据记录长度不宜大于100m,以检查井位置按管道进行划分为宜,以减少距离累积误差。

3. 探地雷达现场检测工作分为普查和详查两种工作方式,根据不同的检测对象和不同检测阶段应采用与其相适应的检测方式。测线布设应覆盖整个探测区域,普查时应以平行管道走向布置测线,详查时,应布置测线网格。测线间距应满足表3-2的要求。

表 3-2　测线间距要求表

天线中心频率(MHz)	普查测线间距(m)	详查测线间距(m)
100～200	≤4	≤2
400～500	≤2	≤1
600～1000	—	≤0.5

4. 应对检测范围内的管线点、探地雷达的测线进行坐标定位。宜采用以RTK为主、全站仪为辅的综合方法进行坐标定位,以满足测量精度的要求。

5. 探地雷达检测时,应避开高导电屏蔽层或大范围的金属构件,测线经过的表面应保证相对平缓、无障碍,以易于天线移动。车载探地雷达设备宜采用空气耦合天线。

6. 连续测量时宜保持雷达天线匀速移动,雷达天线移动速度不宜大于10km/h。

7. 对探测到的异常区域应进行详查,统一编号和现场标记,并对周边环境状况进行影像记录。对严重异常区域,应采用钻探、标贯等其他方法进行验证。现场记录按表3-3格式填写。

表 3-3 排水管道周边土体病害检测现场记录表

任务名称：　　　　　　　　　　　　　　　　　　　　　　　　　　　第　页,共　页

图谱文件		管道编号	→	检测方法	
敷设年代		起点埋深		终点埋深	
管道类型		管道材质		管道直径	
基础形式		接口形式		土质条件	
检测方向		管道长度		检测长度	
起始井井口经度		起始井井口纬度		起始井井口高程	
检测地点				检测日期	

序号	土体病害属性	病害区域位置描述	病害区域中心点坐标		病害区域情况					地下水影响
			横坐标	纵坐标	长度(m)	宽度(m)	高度(m)	埋深(m)	相对管道距离	

检测员：　　　　记录员：　　　　监督人员：　　　　校核员：　　　　记录日期：

第四节　图谱判读

1.参与图谱判读的雷达图像应符合下列要求：
(1)雷达图谱信号清晰,无明显噪声干扰；
(2)雷达图谱信号的有效段满足探测深度要求,并可识别主要目的层反射；
(3)雷达图像能够从背景场中分辨出土体病害激发的异常场；
(4)雷达图像能够反映出几何尺寸与埋藏深度之比不小于 1/5 的土体病害。

2.根据普查分析结果,经过现场雷达详查,在分析综合资料的基础上,充分考虑探测结果的内在联系与可能存在的干扰因素,充分考虑地球物理方法的多解性造成的干扰异常,正确、

有效识别异常。对地质雷达图谱异常体特征的识别,应从地球物理特征、波组形态、振幅和相位特性、吸收衰减特性等方面进行识别判定。异常属性划分为疏松、富水、空洞。土体病害属性及雷达图谱特征判读可参考表 3-4。

表 3-4 土体病害属性名称及雷达图谱特征

分类	土体病害属性	雷达图谱特征
1	轻微疏松	反射信号能量有变化,同相轴较不连续,波形结构较为杂乱、不规则
2	中等疏松	反射信号能量变化较大,同相轴较不连续,波形较为杂乱、不规则
3	严重疏松	反射信号能量变化大,同相轴不连续,波形杂乱、不规则
4	一般富水异常	顶面反射信号能量较强、下部信号衰减较明显;同相轴较连续、频率变化不明显
5	严重富水异常	顶面反射信号能量强、下部信号衰减明显;同相轴较连续、频率变化不明显
6	空洞	反射信号能量强,反射信号的频率、振幅、相位变化异常明显,下部多次反射波明显,边界可能伴随绕射现象

3. 探地雷达检测成果应包含土体病害属性、平面位置坐标、埋深、大小、与管道的距离等情况,可参考表 3-5 的要求填写。

表 3-5 探地雷达检测成果记录表

任务名称: 第 页,共 页

序号	管道编号	土体病害属性	病害区域位置描述	病害区域中心点坐标		病害区域情况					地下水影响	病害分值
				横坐标	纵坐标	长度(m)	宽度(m)	高度(m)	埋深(m)	与管道的距离(m)		

检测单位:

第四章 管道内部检测

第一节 基本要求

1. 管道潜望镜检测应符合下列规定。

(1)管道潜望镜检测适用于对管道内部状况进行快速初步判定,可用于既有管道日常巡查、大范围管网普查及新建管道复核性检查。

(2)管道潜望镜检测时,管内水位不宜大于管径的50%,单次检测的管道长度不宜大于50m。

(3)当无法清晰地记录管道末端状况或管道长度超过50m时,应对该管道进行双向检测。

(4)有下列情形之一时应中止检测:

a.管道潜望镜检测仪器的光源不能够保证影像清晰度;

b.镜头沾有泥浆、水沫或其他杂物等影响图像质量;

c.镜头浸入水中,无法看清管道状况;

d.管道内充满雾气,影响图像质量;

e.其他原因无法正常检测。

(5)管道潜望镜检测的结果仅可作为管道初步评估的依据。

2. 管道CCTV检测应符合下列规定。

(1)电视检测不应带水作业,应确保管道内水位不大于管道直径的20%且不超过300mm。

(2)在进行结构性检测前应疏通、清洗被检测管道。

(3)当有下列情形之一时应中止检测:

a.爬行器在管道内无法行走或推杆在管道内无法推进;

b.镜头沾有污物,影响图像质量;

c.镜头浸入水中,无法看清管道状况;

d.管道内充满雾气,影响图像质量;

e.其他原因无法正常检测。

3. 管道声呐检测应符合下列规定。

(1)声呐检测适用于对运行中管道内部状况进行初步判定。

(2)声呐检测时,管道内水深应不小于300mm。

(3)当有下列情形之一时应中止检测:

a.探头受阻无法正常前行工作;

b.探头被水中异物缠绕或遮盖,无法显示完整的检测断面;
c.探头埋入泥沙致使图像变异;
d.其他原因无法正常检测。

4.管道电法测漏检测应符合下列规定。

(1)管径小于1000mm的排水管道可采用电法测漏仪来检测渗漏点位置。

(2)电法测漏仪检测时,管道内水深应不小于300mm。

(3)被检测管道应为非金属管道或包有绝缘材料的金属管道。

(4)当有下列情形之一时应中止检测:

a.探头受阻无法正常前行工作;
b.探头因被水中异物或泥沙托垫露出水面,致使电流曲线陡然升降;
c.其他原因无法正常检测。

5.管中雷达检测应符合下列规定。

(1)管中雷达应对管顶和管底进行雷达扫描以确定管道周边土体病害;

(2)管中雷达检测应获取雷达扫描和电视检测的同步数据,实时进行对比分析;

(3)管中雷达不宜带水作业,管道内水位不应大于管道直径的20%且不超过300mm;

(4)检测实施前应进行详细准确的管道现场调查和资料收集。

6.传统检测方法应按照《城镇排水管道检测与评估技术规程》(CJJ 181—2012)中的有关规定执行。

第二节 检测设备

1.管道CCTV检测设备的主要性能及技术指标应符合下列规定:

(1)管道CCTV检测设备应结构坚固、抗碰撞、耐腐蚀、防水密封良好,可快速牢固地安装与拆卸,能在0~50℃的气温条件下或潮湿环境中正常工作;

(2)管道CCTV检测设备的主要技术指标应符合表4-1的规定;

表4-1 管道CCTV检测设备主要技术指标

项目	技术指标
图像感应器	≥1/3″CCD或CMOS,彩色
灵敏度(最低感光度)	0.01勒克斯(lux)
视角	≥45°
分辨率	≥1920×1080dpi
照明灯光	聚光≥8500坎德拉(cd);泛光≥1500坎德拉(cd)
图像变形	≤±5%
变焦范围	光学变焦≥30倍,数字变焦≥10倍
存储	录像封装格式:MPEG4、AVI; 录像编码格式:H264、H265; 照片格式:JPEG

(3)管道CCTV检测设备的摄像镜头应具有平扫与旋转、仰俯与旋转、变焦功能,摄像镜头高度应可以自由调整;

(4)管道CCTV检测设备的爬行器应具有前进、后退、空档、变速、防侧翻等功能,轮径大小、轮间距可以根据被检测管道的大小进行更换或调整;

(5)管道CCTV检测设备的主控制器应具有在监视器上同步显示日期、时间、管径、在管道内行进的距离等功能,并可以进行数据处理;

(6)管道CCTV检测设备的照明灯光强度应能调节;

(7)管道CCTV检测设备应具备电缆长度计数测距功能,其电缆计数器的计量单位不应大于0.1m,精度误差不应大于1%;

(8)管道CCTV检测设备应具备稳定的光学测距功能,其计量单位不应大于0.1m,精度误差不应大于5%;

(9)管道CCTV检测设备应具备稳定的光学测距功能,其计量单位不应大于0.1m,此外应具备字符叠加功能,应能够按表4-2中的内容在检测影像中叠加显示并录制版头,录制的影像资料应能够在计算机上进行存储、回放和截图等操作。

表4-2 检测影像资料版头格式和基本内容

任务名称/编号(RWMC/XX):
检测地点(JCDD):
检测日期(JCRQ):　　年　　月　　日
起始井编号—结束井编号:(X号井—Y号井)
检测方向(JCFX):顺流(SL),逆流(NL)
管道类型(GDLX):雨水(Y),污水(W),雨污合流(H)
管材(GC):
管径(GJ/mm):
检测单位:
检测员:

2.管道电法测漏检测设备的主要性能及技术指标应符合下列规定:

(1)管道电法测漏检测设备应结构坚固、密封良好,能在0~40℃的气温条件下或潮湿环境中正常工作;

(2)管道电法测漏检测设备的电极感应范围应大于所需检测管道的规格;

(3)管道电法测漏检测设备的电流检测准确度不应低于1%;

(4)管道电法测漏检测设备的电流最小分辨率不应大于0.5μA;

(5)管道电法测漏检测设备的电流量程范围不应小于$0 \sim 1.0 \times 10^5 \mu A$;

(6)管道电法测漏检测设备应具备电缆长度计数测距功能,其电缆计数器的计量单位不应大于0.1m,精度误差不应大于1%;

(7)管道电法测漏检测设备应能通过调节设备来屏蔽不同土质、岩层等的阻抗干扰。

3.管中雷达检测设备的主要性能及技术指标应符合下列规定。

(1)管中雷达检测设备应性能稳定、结构牢固可靠、防潮、抗震、绝缘性能良好,能在－10～40℃的气温条件下或潮湿环境中正常工作:

　　a.设备宜采用空气耦合天线;

　　b.信噪比不应低于120dB,最大动态范围不应低于150dB;

　　c.计时误差不应大于1.0ns;

　　d.系统扫描速率不应低于200道/s;

　　e.可选时窗范围不应小于20～60ns。

(2)管中雷达检测系统应具有可选的信号叠加、时窗、实时滤波、增益、点测或连续测量、手动与自动位置标记等功能,应具有现场数据处理和实时显示功能。

(3)管中雷达检测设备应具备电缆长度计数测距功能,其电缆计数器的计量单位不应大于0.1m,精度误差不应大于1%。

(4)管中雷达天线应具有屏蔽功能,其中心频率、探测深度、精度及配置要求应按表3-1中的规定选用。当多个频率的天线均能满足探测深度要求时,应选择频率相对较高的天线。

第三节　检测方法

1.管道CCTV检测应符合下列规定:

(1)摄像镜头中心应保持在管道竖向中心线的水平面以上;

(2)启动拍摄时,应将摄像镜头对准所检测管道的管口,按本指南规定的版头格式(表4-1)来编辑显示叠加字符,并静止录制版头时间不低于10s;

(3)拍摄过程中,应根据管道内部环境适当调整灯光亮度和镜头焦距,使画面清晰,并使用镜头变倍和俯仰功能,由近及远地观测并拍摄管道内部状况,调焦变倍与镜头俯仰速度不宜过快;

(4)拍摄过程中若发现管道缺陷时,应将镜头画面中心对准缺陷处并保持摄像镜头静止,调节镜头的焦距,连续、清晰地拍摄10s以上,以清晰地反映管道缺陷及其边界;

(5)检测设备应具备稳定的光学测距功能,计量单位不应大于0.1m;

(6)对各种缺陷、特殊结构和检测状况应作详细判读和记录,现场记录按表4-3～表4-5格式要求填写。

表4-3　排水管道周边土体病害检测现场记录表

任务名称:　　　　　　　　　　　　　　　　　　　　　　　　　　第　　页,共　　页

影像文件		管道编号	→	检测方法	
敷设年代		起点埋深		终点埋深	
管道类型		管道材质		管道直径	
基础形式		接口形式		土质条件	
检测方向		管道长度		检测长度	

续表 4-3

影像文件		管道编号		→		检测方法	
起始井井口经度		起始井井口纬度				起始井井口高程	
检测地点						检测日期	
距离(m)	缺陷名称及代码		缺陷等级		环向位置（时钟表示法）	缺陷长度(m)	备注
其他							

检测员：　　　　记录员：　　　　监督人员：　　　　校核员：　　　　记录日期：

表 4-4　排水管道检查井检测现场记录表

任务名称：　　　　　　　　　　　　　　　　　　　　　　第　　页，共　　页

检测单位名称：						检查井编号	
埋设年代		性质		井材质	井盖形状	井盖材质	
检查内容							
序号	外部检查			内部检查			
1	井盖埋没			链条或锁具			
2	井盖丢失			爬梯松动、锈蚀或缺损			
3	井盖破损			井壁泥垢			
4	井框破损			井壁裂缝			
5	盖框间隙			井壁渗漏			
6	盖框高差			抹面脱落			
7	盖框凸出或凹陷			管口孔洞			
8	跳动和声响			流槽破损			
9	周边路面破损、沉降			井底积泥、杂物			
10	井盖标示错误			水流不畅			
11	是否为重型井盖（道路上）			浮渣			
12	其他			其他			
备注							

检测员：　　　　记录员：　　　　监督人员：　　　　校核员：　　　　记录日期：

表 4-5 排水管道雨水口检测现场记录表

任务名称：   第   页,共   页

检测单位名称				雨水口编号	
埋设年代		材质		雨水箅形式		雨水箅材质		下游井编号	

检查内容		
序号	外部检查	内部检查
1	雨水箅丢失	铰或链条损坏
2	雨水箅破损	裂缝或渗漏
3	雨水口框破损	抹面剥落
4	盖框间隙	积泥或杂物
5	盖框高差	水流受阻
6	孔眼堵塞	私接连管
7	雨水口框凸出	井体倾斜
8	异臭	连管异常
9	路面沉降或积水	防坠网
10	其他	其他
备注		

检测员：   记录员：   监督人员：   校核员：   记录日期：

2.管道 CCTV 检测方法应符合下列规定：

(1)爬行器的行进方向宜与水流方向一致；

(2)启动拍摄时,应将摄像镜头对准检测管道的管口,按本指南规定的版头格式(表 4-2)来编辑显示叠加字符,并静止录制版头时间不低于 10s；

(3)管径不大于 200mm 时,直向摄影的行进速度不宜超过 0.1m/s,管径大于 200mm 时,直向摄影的行进速度不宜超过 0.15m/s；

(4)检测时摄像镜头移动轨迹应在管道中轴线上,偏离度不应大于管径的 10%,当对特殊形状的管道进行检测时,应适当调整摄像头位置以获得最佳图像；

(5)将载有摄像镜头的爬行器安放在检测起始位置,检测前应将计数器归零。当检测起点与管道起点位置不一致时,应做补偿设置；

(6)每一管道检测完成后,应根据电缆上的标记长度修正计数器显示数值；

(7)直向摄影过程中,图像应保持正向水平,中途不应改变拍摄角度和焦距；

(8)在爬行器行进过程中,不应使用摄像镜头的变焦功能,当使用变焦功能时,爬行器应保持静止状态,当需要爬行器继续行进时,应先将镜头的焦距恢复到最短焦距位置；

(9)侧向摄影时,爬行器宜停止行进,变动拍摄角度和焦距以获得最佳图像；

(10)管道检测过程中,录像资料不应产生画面暂停、间断记录、画面剪接的现象,并应按表4-6的规定,在影像画面中叠加显示设备的操作状态及关键点的名称或代码,宜采用中文显示;

表4-6 操作状态、关键点名称和代码表

名称	代码编号	定义
缺陷开始及编号	KS××	纵向缺陷长度大于1m时的缺陷开始位置,其编号应与结束编号对应
缺陷结束及编号	JS××	纵向缺陷长度大于1m时的缺陷结束位置,其编号应与开始编号对应
入水	RS	摄像镜头部分或全部被水淹没
中止	ZZ	在两附属设施之间进行检测时,由于各种原因造成检测中止

(11)在检测过程中发现缺陷时,应将爬行器在完全能够解析缺陷的位置至少停止10s,以确保所拍摄的图像清晰完整;

(12)对各种缺陷、特殊结构和检测状况应作详细判读和量测,并填写现场记录表,记录表的内容和格式按本指南的规定填写。

3.管道声呐检测应符合下列规定:

(1)检测前应从被检管道中取水样以通过实测声波速度对系统进行校准。

(2)声呐探头的推进方向宜与水流方向一致,并与管道轴线一致,滚动传感器标志应朝正上方。

(3)声呐探头安放在检测起始位置,检测前应将计数器归零,同时应调整电缆处于自然绷紧状态。

(4)声呐检测时,在距管道起始、终止检查井处应进行2~3m长度的重复检测。

(5)承载工具宜采用在声呐探头位置镂空的漂浮器。

(6)在声呐探头前进或后退时,电缆应保持自然绷紧状态。

(7)根据不同的管径,应按表4-7选择相应的脉冲宽度。

表4-7 声呐检测脉冲宽度、扫描周期选择标准表

直径范围(mm)	脉冲宽度(μs)	扫描周期(s)
<500	4	1
500~1000	8	1
1000~1500	12	1.5
1500~2000	16	2
>2000	20	≥3

(8)探头行进速度不宜超过0.1m/s。在检测过程中应根据被检测管道的规格,在规定采样间隔和管道变异处探头应停止行进、定点采集数据,停顿时间应大于一个扫描周期。

(9)以普查为目的的采样点间距宜为0.5m,其他检查采样点间距宜为0.2m,存在异常的管道应加密采样。

(10)排水管道检测现场记录表的填写应符合表 4-3～表 4-5 规定要求,沉积状况纵断面图的绘制按表 4-8 要求填写。

表 4-8 排水管道沉积状况纵断面图格式表

管道编号	→	管道直径		管道长度		影像文件	
管道类型		起点埋深		检测长度		检测单位	
管道材质		终点埋深		检测日期		检测地点	
起始井编号		检测方向	→	淤积量(m³)			
绘图区						终止井编号	
积深 (mm)						平均积深 (mm)	
占管径比例 (％)						平均占比 (％)	
间距 (m)						平均间距 (m)	
距离 (m)						总长 (m)	

检测员:　　　　　绘图员:　　　　　校核员:　　　　　记录日期:

4.管道电法测漏检测应符合下列规定:

(1)管道电流法测漏检测设备安放在检测起始位置后,电流值应调节至稳定,且在合理范围内;

(2)开始检测前,计数器应归零,当电法测漏探头前进或后退时,电缆应保持自然绷紧状态;

(3)电法测漏仪探头推进方向宜与水流方向一致,并与管道轴线一致,探头应完全没在水面下方;

(4)以普查为目的的采样点间距不宜大于 0.1m,其他检测采样点间距不宜大于 0.05m,存在异常的管道应加密采样;

(5)检测结果中排水管道检测现场记录按表 4-3～表 4-5 规定填写,纵断面图的绘制格式按表 4-9 要求填写。

表 4-9 排水管道渗漏状况纵断面图格式表

管道编号	→	管道直径		管道长度		图谱文件	
管道类型		起点埋深		检测长度		检测单位	
管道材质		终点埋深		检测日期		检测地点	
起始井编号		检测方向	→	泄漏点数量(个)			
绘图区						终止井编号	
缺陷等级							
裂隙占比(%)						平均占比(%)	
间距(m)						平均间距(m)	
距离(m)						总长(m)	

检测员：　　　　　绘图员：　　　　　校核员：　　　　　记录日期：

5.管中雷达检测应符合下列规定：

(1)管中雷达检测应与电视检测同时进行,检测结果应进行横向对比分析。

(2)管中雷达检测应满足本指南中电视检测方法的所有要求,管中雷达在管道内运行速度控制在0.5m/s,对扫描到的异常区域进行统一编号和现场标记,并在同步的电视影像中输入文字信息标注。现场记录按照表4-3～表4-5规定填写。对严重异常区域,应采用钻探、标贯等其他方法进行验证。

(3)管顶雷达扫描应根据管径调整爬行器抬升支架高度,使雷达天线紧贴管壁。

(4)应根据管道周边环境进行参数设置和介电常数标定。

(5)需对电缆盘计数轮进行现场标定。

(6)单个数据记录长度不宜大于100m,应以检查井位置进行划分。

(7)管中雷达检测应同步显示电视影像和雷达扫描图形。

(8)管中雷达检测管径为300～600mm的管道,应沿管道走向对管顶和管底进行雷达扫描。

(9)管中雷达检测管径为600～1500mm的管道,应沿管道走向对管顶进行120°的扇面扫描。

第四节 结果判读

1. 对管道潜望镜检测取得的影像资料进行图谱判读,应符合下列规定:
(1) 影像资料和截图应能清晰准确地反映可视范围内 50m 的管道缺陷;
(2) 管道内缺陷尺寸的判定可依据数字摄影测量结果直接核算;
(3) 缺陷图片宜为现场抓取最佳角度和最清晰图片。

2. 对管道 CCTV 检测取得的影像资料进行图谱判读,应符合下列规定:
(1) 缺陷的类型、等级应在现场初步判读并记录。现场检测完毕后,应由复核人员对检测资料进行复核。
(2) 缺陷尺寸的判定可依据管径或相关物体的尺寸。
(3) 无法确定的缺陷类型或等级应在评估报告中加以说明。
(4) 缺陷图片宜采用现场抓取最佳角度和最清晰图片的方式,特殊情况下也可采用观看录像截图的方式。
(5) 对直向摄影和侧向摄影,每一处结构性缺陷抓取的图片数量不应少于 1 张。

3. 对管道声呐检测取得的影像资料进行图谱判读,应符合下列规定:
(1) 规定采样间隔和图形变异处的轮廓图应现场捕捉并进行数据保存。
(2) 经校准后的检测断面线状测量误差应小于 3%。
(3) 声呐检测截取的轮廓图应标明管道轮廓线、管径、管道积泥深度线等信息。
(4) 管道沉积状况纵断面图中应包括路名(或路段名)、井号、管径、长度、流向、图像截取点纵距及对应的积泥深度、积泥百分比等文字说明。纵断面线应包括管底线、管顶线、积泥高度线和管径的 20% 高度线(虚线)。
(5) 声呐轮廓图不应作为结构性缺陷的最终评判依据,应采用电视检测方式予以核实或以其他方式检测评估。

4. 对管道电法测漏检测取得的影像资料进行图谱判读,应符合下列规定:
(1) 检测结果数据应连续、真实、全面,确保无漏检情况发生;
(2) 曲线图中距离和电流的峰值是一一对应的坐标对,曲线峰值越高、起伏越大表示漏点级别越高,管道没有漏点的曲线电流值应趋近于稳定电流值;
(3) 排水管道渗漏状况纵断面图包括漏点曲线截图、漏点处相对于起始位置距离、缺陷等级、管道信息等;
(4) 电法检测曲线图不应作为结构性缺陷的最终评判依据,应采用电视检测方法予以核实或以其他方式检测评估。

5. 对管中雷达检测取得的影像资料进行图谱判读,应符合下列规定:
(1) 土体病害激发的异常波形应能够从干扰背景场中分辨;
(2) 雷达检测图谱异常区域应与 CCTV 检测结果相对应,结果应包含土体病害属性、土地病害平面位置坐标、埋深、与管道的距离、管道的缺陷位置、大小等情况,表格的填写应按照表 3-3、表 4-3、表 4-4、表 4-5 与表 4-8 的规定要求;
(3) 土体病害属性及雷达图谱特征判读可参见表 3-4。

第五章　排水管道状况评估

第一节　基本规定

1. 管道状况综合评估应包括管道周边土体状况评估、管道结构性状况评估和管道功能性状况评估。
2. 管道状况综合评估应依据检测资料、设计资料或调查资料进行。
3. 管道状况综合评估工作应采用计算机处理，辅助人工判断，并输出检测评估报告。
4. 管道周边土体病害分值按多因素加权法进行计算。
5. 当管道缺陷或管道周边土体病害沿管道纵向的尺寸不大于1m时，长度应按1m计算。
6. 当管道存在两个以上缺陷或土体病害时，应计算相邻两个缺陷或土体病害的起端到起端的距离作为纵向净距；当管道纵向1m范围内同时出现两个以上缺陷或土体病害时，分值应叠加计算，并当作一个缺陷或土体病害；当叠加计算的结果超过10分时，应按10分计；当管道纵向1m范围内的两个以上缺陷或土体病害叠加分值并计为一个缺陷后，应采用参与叠加的首个缺陷或土体病害的起始位置作为该合并缺陷的纵向位置起端。
7. 管道评估应以管道为最小评估单位。当对多个管道或区域管道进行检测时，应列出各评估等级管道数量占管道数量的比例。

第二节　检测项目名称、代码及等级

1. 本指南已规定的代码应采用两个汉字拼音首字母组合表示，未规定的代码应采用与此相同的确定原则，但不得与已规定的代码重名。
2. 管道缺陷等级及周边土体病害等级应按表5-1的规定分类。

表5-1　缺陷(病害)等级分类表

缺陷(病害)性质	缺陷(病害)等级			
	1	2	3	4
结构性缺陷程度	轻微缺陷	中等缺陷	严重缺陷	重大缺陷
功能性缺陷程度	轻微缺陷	中等缺陷	严重缺陷	重大缺陷
周边土体病害程度	轻微缺陷	中等缺陷	严重缺陷	重大缺陷

3. 土体病害名称、代码、因素分类、分值计算及等级划分应符合表5-2的规定。

表 5-2 土体病害名称、代码、因素分类、分值计算及等级划分表

病害名称	病害代码	病害因素	病害因素分类	因素分值	权重	病害分值	病害等级
土体病害	TB	属性	轻微疏松	1	0.35	=Σ(因素分值×权重)	
			中等疏松	2			
			一般富水	2		分值≤1	1
			严重疏松	5			
			严重富水	5			
			空洞	10			
		埋深(m)	$H>4$	1	0.2		
			$2<H≤4$	2		$1<$分值$≤4$	
			$1<H≤2$	5			
			$H≤1$	10			2
		面积(m^2)	$S≤2$	1	0.16		
			$2<S≤4$	2			
			$4<S≤10$	5			
			$S>10$	10			
		高度(m)	$H≤1$	1	0.14	$3<$分值$≤6$	
			$1<H≤2$	2			
			$2<H≤4$	5			
			$H>4$	10			3
		相对管道距离	$L>3D$(D为管径)	1	0.10		
			$2D<L≤3D$	2			
			$D<L≤2D$	5			
			$L≤D$	10			
		地下水水位影响	地下水水位很低	1	0.05	分值>6	4
			地下水水位低于管道	2			
			地下水水位偶尔超过管道	5			
			地下水水位常年超过管道	10			

4. 结构性缺陷的名称、代码、等级划分及分值应符合表5-3的规定。

表5-3 结构性缺陷名称、代码、等级划分及分值

缺陷名称	缺陷代码	定义	等级	缺陷描述	分值/分
破裂	PL	管道的外部压力超过自身的承受力致使管道发生破裂。破裂形式有纵向、环向和复合3种	1	裂痕——当下列一个或多个情况存在时：在管壁上可见细裂痕；在管壁上由细裂缝处冒出少量沉积物；轻度剥落	0.5
			2	裂口——破裂处已形成明显间隙，但管道的形状未受影响且破裂无脱落	2
			3	破碎——管壁破裂或脱落处所剩碎片的环向覆盖范围不大于弧长60°	5
			4	坍塌——当下列一个或多个情况存在时：管道材料裂痕、裂口或破碎处边缘环向覆盖范围大于弧长60°；管壁材料发生脱落的环向范围大于弧长60°	10
变形	BX	管道受外力挤压造成形状变异	1	变形长度不大于管道直径的5%	1
			2	变形长度为管道直径的5%～15%	2
			3	变形长度为管道直径的15%～25%	5
			4	变形长度大于管道直径的25%	10
腐蚀	FS	管道内壁受侵蚀而流失或剥落，出现麻面或露出钢筋	1	轻度腐蚀：表面轻微剥落，管壁出现凹凸面	0.5
			2	中度腐蚀：表面剥落显露粗骨料或钢筋	2
			3	重度腐蚀：粗骨料或钢筋完全显露	5
错口	CK	同一接口的两个管口产生横向偏差，未处于管道的正确位置	1	轻度错口：相接的两个管口偏差不大于管壁厚度的1/2	0.5
			2	中度错口：相接的两个管口偏差在管壁厚度的1/2～1之间	2
			3	重度错口：相接的两个管口偏差为管壁厚度的1～2倍	5
			4	严重错口：相接的两个管口偏差为管壁厚度的2倍以上	10
起伏	QF	接口位置偏移，管道竖向位置发生变化，在低处形成注水	1	起伏高/管径≤20%	0.5
			2	20%＜起伏高/管径≤35%	2
			3	35%＜起伏高/管径≤50%	5
			4	起伏高/管径＞50%	10

续表 5-3

缺陷名称	缺陷代码	定义	等级	缺陷描述	分值/分
脱节	TJ	两根管道的端部未充分接合或接口脱离	1	轻度脱节:管道端部有少量泥土挤入	1
			2	中度脱节:脱节距离不大于20mm	3
			3	重度脱节:脱节距离在20~50mm之间	5
			4	严重脱节:脱节距离在50mm以上	10
接口材料脱落	TL	橡胶圈、沥青、水泥等类似的接口材料进入管道	1	接口材料在管道内水平方向中心线上部可见	1
			2	接口材料在管道内水平方向中心线下部可见	3
支管暗接	AJ	支管未通过检查井直接侧向接入主管	1	支管进入主管内的长度不大于主管直径的10%	0.5
			2	支管进入主管内的长度在主管直径的10%~20%之间	2
			3	支管进入主管内的长度大于主管直径的20%	5
异物穿入	CR	非管道系统附属设施的物体穿透管壁进入管内	1	异物在管道内且占用过水断面面积不大于10%	0.5
			2	异物在管道内且占用过水断面面积为10%~30%	2
			3	异物在管道内且占用过水断面面积大于30%	5
渗漏	SL	管外的水流入管道	1	滴漏:水持续从缺陷点滴出,沿管壁流动	0.5
			2	线漏:水持续从缺陷点流出,并脱离管壁流动	2
			3	涌漏:水从缺陷点涌出,涌漏水面的面积不大于管道断面面积的1/3	5
			4	喷漏:水从缺陷点大量涌出或喷出,涌漏水面的面积大于管道断面面积的1/3	10

注:表中缺陷等级定义区域 X 的范围为 $x\sim y$ 时,其界限的意义是 $x<X\leqslant y$。

5.功能性缺陷名称、代码、等级划分和分值应符合表 5-4 的规定。

表 5-4 功能性缺陷名称、代码、等级划分及分值表

缺陷名称	缺陷代码	定义	等级	缺陷描述	分值/分
沉积	CJ	杂质在管道底部沉淀淤积	1	沉积物厚度为管道直径的20%~30%	0.5
			2	沉积物厚度为管道直径的30%~40%	2
			3	沉积物厚度为管道直径的40%~50%	5
			4	沉积物厚度大于管道直径的50%	10

续表 5-4

缺陷名称	缺陷代码	定义	等级	缺陷描述	分值/分
结垢	JG	管道内壁上的附着物	1	硬质结垢造成的过水断面损失不大于15%；软质结垢造成的过水断面损失在15%～25%之间	0.5
			2	硬质结垢造成的过水断面损失在15%～25%之间；软质结垢造成的过水断面损失在25%～50%之间	2
			3	硬质结垢造成的过水断面损失在25%～50%之间；软质结垢造成的过水断面损失在50%～80%之间	5
			4	硬质结垢造成的过水断面损失大于50%；软质结垢造成的过水断面损失大于80%	10
障碍物	ZW	管道内影响过流的阻挡物	1	过水断面损失不大于15%	0.1
			2	过水断面损失在15%～25%之间	2
			3	过水断面损失在25%～50%之间	5
			4	过水断面损失大于50%	10
残墙、坝根	CQ	管道闭水试验时砌筑的临时砖墙封堵，试验后未拆除或拆除不彻底的遗留物	1	过水断面损失不大于15%	1
			2	过水断面损失在15%～25%之间	3
			3	过水断面损失在25%～50%之间	5
			4	过水断面损失大于50%	10
树根	SG	单根树根或是树根群自然生长进入管道	1	过水断面损失不大于15%	0.5
			2	过水断面损失在15%～25%之间	2
			3	过水断面损失在25%～50%之间	5
			4	过水断面损失大于50%	10
浮渣	FZ	管道内水面上的漂浮物（该缺陷需记入检测记录表，不参与计算）	1	零星的漂浮物，漂浮物占水面面积不大于30%	—
			2	较多的漂浮物，漂浮物占水面面积的30%～60%	—
			3	大量的漂浮物，漂浮物占水面面积大于60%	—

注：表中缺陷等级定义区域 X 的范围为 $x\sim y$ 时，其界限的意义是 $x<X\leqslant y$。

第三节 管道周边环境状况评估

1. 管道周边土体病害参数应按式(5-1)与式(5-2)计算：

$$当 R_{max} \geqslant R 时，H = R_{max} \tag{5-1}$$

$$当 R_{max} < R 时，H = R \tag{5-2}$$

式中：

H——管道周边土体病害参数；

R_{max}——管道周边土体病害状况参数，管道周边土体病害最严重处的分值；

R——管道周边土体病害状况参数，按病害点数计算的平均分值（分）。

2. 管道周边土体病害状况参数 R 的确定应符合下列规定：

(1) 管道周边土体病害状况参数应按式(5-3)～式(5-5)计算：

$$R = \frac{1}{l}(\sum_{k_1=1}^{l_1} pk_1 + \gamma \sum_{k_2=1}^{l_2} pk_2) \tag{5-3}$$

$$R_{max} = \max\{pk\} \tag{5-4}$$

$$l = l_1 + l_2 \tag{5-5}$$

式中：

l——管道周边土体病害数量；

l_1——纵向净距大于 1.5m 的病害数量；

l_2——纵向净距大于 1.0m 但不大于 1.5m 的病害数量；

p_{k_1}——纵向净距大于 1.5m 的病害分值，按表 5-2 取值；

p_{k_2}——纵向净距大于 1.0m 且不大于 1.5m 的病害分值，按表 5-2 取值；

γ——周边土体病害影响系数，与病害间距有关；当病害的纵向净距大于 1.0m 但不大于 1.5m 时，$\gamma = 1.1$。

(2) 当管道周边存在土体病害时，土体病害密度应按式(5-6)计算：

$$R_M = \frac{1}{RL}(\sum_{k_1=1}^{l_1} p_{k_1} L_{k_1} + \gamma \sum_{k_2=1}^{l_2} p_{k_2} L_{k_2}) \tag{5-6}$$

式中：

R_M——管道周边土体病害密度；

L——管道长度(m)；

L_{k_1}——纵向净距大于 1.5m 的土体病害长度(m)；

L_{k_2}——纵向净距大于 1.0m 但不大于 1.5m 的土体病害长度(m)。

3. 管道周边土体病害等级的评定应符合表 5-5 的规定。管道周边土体病害类型评估可按表 5-6 确定。

表 5-5 管道周边土体病害等级评定表

等级	病害参数	损坏状况描述
Ⅰ	$H \leq 1$	无或有轻微病害，对管道安全运行影响较小
Ⅱ	$1 < H \leq 3$	土体病害程度中等，对管道安全运行造成一定影响
Ⅲ	$3 < H \leq 6$	土体病害比较严重，对管道安全运行造成较大影响
Ⅳ	$H > 6$	土体病害很严重，对管道安全运行造成严重影响

表 5-6 管道周边土体病害类型评估表

病害密度 R_M	<0.1	0.1~0.5	>0.5
管道周边土体病害类型	局部缺陷	部分或整体缺陷	整体缺陷

4.管道环境指数应按式(5-7)计算：

$$EI = 0.7 \times H + 0.1 \times K + 0.05 \times E + 0.05 \times T + 0.05 \times J + 0.05 \times M \quad (5-7)$$

式中：

EI —— 管道环境指数；

K —— 地区重要性参数，可参考表 5-7 确定；

E —— 管道重要性参数，可参考表 5-8 确定；

T —— 土质影响参数，可参考表 5-9 确定；

J —— 管道结构影响参数，可参考表 5-10 确定；

M —— 管道接口形式影响参数，可参考 5-11 确定。

表 5-7 地区重要性参数 K 表

地区类别	K 值
中心商业、附近具有甲类民用建筑工程的区域	10
交通干道、附近具有乙类民用建筑工程的区域	6
其他行车道路、附近具有丙类民用建筑工程的区域	3
所有其他区域或 $H<4$、$F<4$、$G<4$ 时	0

表 5-8 管道重要性参数 E 表

管径 D(mm)	E 值
$D>1500$	10
$1000<D \leqslant 1500$	6
$600 \leqslant D \leqslant 1000$	3
$D<600$ 或 $H<4$、$F<4$、$G<4$ 时	0

表 5-9 土质影响参数 T 表

土质	一般土层或 $F=0$ 或 $H=0$	粉砂层	湿陷性黄土			膨胀土			淤泥类土		红黏土
			Ⅳ级	Ⅲ级	Ⅰ、Ⅱ级	强	中	弱	淤泥	淤泥质土	
T 值	0	10	10	8	6	10	8	6	10	8	8

表 5-10 管道结构影响参数 J 表

管道类型	柔性	刚性	
基础类型	柔性	柔性	刚性
J 值($J \leqslant 10$)	$1.4T$	$1.2T$	T

表 5-11 管道接口形式影响参数 M 表

管道接口	刚性	柔性
M 值($\leqslant 10$)	$1.4T$	T

5.管道的环境等级应符合表 5-12 的规定。

表 5-12 管道环境等级划分表

养护等级	环境指数 EI	处理建议及说明
Ⅰ	$EI \leqslant 1$	对管道安全运行无影响或影响较小,建议定期巡查
Ⅱ	$1 < EI \leqslant 4$	对管道安全运行造成一定影响,建议加强重点巡查
Ⅲ	$4 < EI \leqslant 7$	对管道安全运行造成较大影响,可能引发次生灾害,应制订处置计划并加强监测
Ⅳ	$EI > 7$	对管道安全运行造成严重影响,易引发严重次生灾害,应立即进行处置

第四节 管道结构性状况评估

1.管道结构性缺陷参数应按式(5-7)与式(5-8)计算：

$$当 S_{\max} \geqslant S 时, F = S_{\max} \tag{5-7}$$

$$当 S_{\max} < S 时, F = S \tag{5-8}$$

式中：

F——管道结构性缺陷参数；

$S_{\max}$——管道损坏状况参数,管道结构性缺陷中损坏最严重处的分值(分)；

S——管道损坏状况参数,按缺陷点数计算的平均分值(分)。

2.管道损坏状况参数 S 的确定应符合下列规定：

(1)管道损坏状况参数应按式(5-9)～(5-11)计算：

$$R = \frac{1}{n}(\sum_{i_1=1}^{n_1} p_{i_1} + a\sum_{i_2=1}^{n_2} p_{i_2}) \tag{5-9}$$

$$S_{\max} = \max\{p_i\} \tag{5-10}$$

$$n = n_1 + n_2 \tag{5-11}$$

式中：

n——管道的结构性缺陷数量；

n_1 ——纵向净距大于 1.5m 的缺陷数量;

n_2 ——纵向净距大于 1.0m 但不大于 1.5m 的缺陷数量;

p_{i_1} ——纵向净距大于 1.5m 的缺陷分值,按表 5-2 取值;

p_{i_2} ——纵向净距大于 1.0m 但不大于 1.5m 的缺陷分值,按表 5-2 取值;

a ——结构性缺陷影响系数,与缺陷间距有关。当缺陷的纵向净距大于 1.0m 但不大于 1.5m 时,$a=1.1$。

(2)当管道存在结构性缺陷时,结构性缺陷密度应按式(5-12)公式计算:

$$S_M = \frac{1}{SL}(\sum_{i_1=1}^{n_1} p_{i_1} L_{i_1} + a\sum_{i_2=1}^{n_2} p_{i_2} L_{i_2}) \quad (5-12)$$

式中:

S_M ——管道结构性缺陷密度;

L ——管道长度(m);

L_{i_1} ——纵向净距大于 1.5m 的结构性缺陷长度(m);

L_{i_2} ——纵向净距大于 1.0m 但不大于 1.5m 的结构性缺陷长度(m)。

3.管道结构性缺陷等级的确定应符合表 5-13 的规定。管道结构性缺陷类型评估可按表 5-14 确定。

表 5-13 管道结构性缺陷等级评定对照表

等级	缺陷参数 F	损坏状况描述
Ⅰ	$F \leqslant 1$	无或有轻微缺陷,结构状况基本不受影响,但具有潜在变坏的可能
Ⅱ	$1 < F \leqslant 3$	管道缺陷明显超过一级,具有变坏的趋势
Ⅲ	$3 < F \leqslant 6$	管道缺陷严重,结构状况受到影响
Ⅳ	$F > 6$	管道存在重大缺陷,损坏严重或即将导致破坏

表 5-14 管道结构性缺陷类型评估参考表

缺陷密度 S_M	<0.1	0.1~0.5	>0.5
管道结构性缺陷类型	局部缺陷	部分或整体缺陷	整体缺陷

4.管道修复指数应按式(5-12)公式计算式为:

$$RI = 0.7 \times F + 0.1 \times K + 0.05 \times E + 0.05 \times T + 0.05 \times J + 0.05 \times M \quad (5-13)$$

式中:

RI ——管道修复指数;

K ——地区重要性参数,可参考表 5-7 确定;

E ——管重要性参数,可参考表 5-8 确定;

T ——土质影响参数,可参考表 5-9 确定;

J ——管道结构影响参数,可参考表 5-10 确定;

M ——管道接口形式影响参数,可参考 5-11 确定。

5.管道的修复等级应符合表5-15的规定。

表5-15 管道修复等级划分表

等级	修复指数 RI	修复建议及说明
Ⅰ	$RI \leqslant 1$	结构条件基本完好,不修复
Ⅱ	$1 < RI \leqslant 4$	结构在短期内不会发生破坏现象,但应做修复计划
Ⅲ	$4 < RI \leqslant 7$	结构在短期内可能会发生破坏,应尽快修复
Ⅳ	$RI > 7$	结构已经发生或即将发生破坏,应立即修复

第五节 管道功能性状况评估

1.管道功能性缺陷参数应按式(5-14)、式(5-15)计算:

$$当 Y_{\max} \geqslant Y 时, G = Y_{\max} \tag{5-14}$$

$$当 Y_{\max} < Y 时, G = Y \tag{5-15}$$

式中:

G——管道功能性缺陷参数;

$Y_{\max}$——管道运行状况参数,功能性缺陷中最严重处的分值;

Y——管道运行状况参数,按缺陷点数计算的功能性缺陷平均分值。

2.运行状况参数的确定应符合下列规定:

(1)管道运行状况参数应按式(5-16)~式(5-18)公式计算:

$$Y = \frac{1}{m}(\sum_{j_1=1}^{m_1} p_{j_1} + \beta \sum_{j_2=1}^{m_2} p_{j_2}) \tag{5-16}$$

$$Y_{\max} = \max\{p_j\} \tag{5-17}$$

$$m = m_1 + m_2 \tag{5-18}$$

式中:

m——管道的功能性缺陷数量;

m_1——纵向净距大于1.5m的缺陷数量;

m_2——纵向净距大于1.0m但不大于1.5m的缺陷数量;

p_{j_1}——纵向净距大于1.5m的缺陷分值,按表5-2取值;

p_{j_2}——纵向净距大于1.0m但不大于1.5m的缺陷分值,按表5-2取值;

β——功能性缺陷影响系数,与缺陷间距有关,当缺陷的纵向净距大于1.0m且不大于1.5m时,$\beta = 1.1$。

(2)当管道存在功能性缺陷时,功能性缺陷密度应按式(5-19)公式计算:

$$Y_M = \frac{1}{YL}(\sum_{j_1=1}^{m_1} p_{j_1} L_{j_1} + \beta \sum_{j_2=1}^{m_2} p_{j_2} L_{j_2}) \tag{5-19}$$

式中:

Y_M——管道功能性缺陷密度;

L ——管道长度；

L_{j_1} ——纵向净距大于1.5m的功能性缺陷长度；

L_{j_2} ——纵向净距大于1.0m但不大于1.5m的功能性缺陷长度。

3.管道功能性缺陷等级评定应符合表5-16的规定。管道功能性缺陷类型评估可按表5-17确定。

表5-16 功能性缺陷等级评定表

等级	缺陷参数 G	运行状况说明
Ⅰ	$G \leqslant 1$	无或有轻微影响，管道运行基本不受影响
Ⅱ	$1 < G \leqslant 3$	管道过流有一定的受阻，运行受影响不大
Ⅲ	$3 < G \leqslant 6$	管道过流受阻比较严重，运行影响明显
Ⅳ	$G > 6$	管道过流受阻很严重，即将或已经导致运行瘫痪

表5-17 管道功能性缺陷类型评估表

缺陷密度 Y_M	<0.1	0.1～0.5	>0.5
管道功能性缺陷类型	局部缺陷	部分或整体缺陷	整体缺陷

管道养护指数应按式(5-19)计算：

$$MI = 0.8 \times G + 0.15 \times K + 0.05 \times E \tag{5-19}$$

式中：

MI ——管道养护指数；

K ——地区重要性参数，可参考表5-3确定；

E ——管道重要性参数，可参考表5-3确定；

4.管道的养护等级应符合表5-18的规定。

表5-18 管道养护等级划分表

养护等级	养护指数 MI	养护建议及说明
Ⅰ	$MI \leqslant 1$	没有明显需要处理的缺陷
Ⅱ	$1 < MI \leqslant 4$	没有立即进行处理的必要，但宜制订处理计划
Ⅲ	$4 < MI \leqslant 7$	根据基础数据进行全面的考虑，应尽快处理
Ⅳ	$MI > 7$	输水功能受到严重影响，应立即进行处理

附录1 术 语

1 雨污混接 rainwater and sewage pipeline mixed

分流制地区雨、污水管道连通,分流制的雨污水管道与相邻的合流制管道连通,造成雨污水混流。

2 混接点 mixing point

在分流制地区,雨水管道和污水管道连接处;分流制雨污水管道和合流制管道连接处。

3 排放口 outlet

将雨水或处理后的污水排放至水体的构筑物。

4 结构性缺陷 structural defects

管道及检查井结构本身遭受损伤,影响强度、刚度和使用寿命的缺陷。

5 功能性缺陷 functional defects

导致管道及检查井过水断面发生变化,影响通畅性能的缺陷,其中淤泥等沉积物是影响水体环境质量的主要因素。

6 排水系统 geographic information system for drainage (GIS)

用于采集、存储、管理、处理、检索、分析和表达与排水管道相关的地理空间数据计算机系统。

7 电视检测 closed circuit television inspection (CCTV)

采用闭路电视系统进行管道检测的方法,简称CCTV检测。

8 管道潜望镜检测 pipe quick view inspection (QV)

采用管道潜望镜在检查井内对管道井进行检测的方法,简称QV检测。

9 声呐检测 sonar inspection

采用声波探测技术对管道内水面以下的状况进行检测的方法。

10 染色检查 dye test

用染色剂在水中的行踪来显示管道走向、错误连接或事故点的检查方法。

11 烟雾检查 smoke test

用烟雾在管道中的行踪来显示管道走向、错误连接或事故点的检查方法。

12 管道电法测漏检测 pipe electrical-method leak detection

通过测量两个电极与大地之间构成的回路电流变化来判定管道渗漏位置的方法。

13 探地雷达检测 ground penetrating radar inspection

通过发射高频电磁波并分析其在地下介质中的传播、吸收以及反射等物理特性,查明相对介电常数存在较大差异的目标体(或地质体)的一种电磁波探测方法。

14 管中雷达检测 pipe penetrating radar inspection

采用雷达在排水管内对排水管道及外围土层进行检测的方法。

15 管道周边土体病害 surrounding soil disease of underground pipeline

地下排水管道周边土体中存在的影响管道运行和安全的土质疏松、空洞、富水异常等地质缺陷。

16 土体病害密度 soil disease density

根据管道周边土体病害的类型、严重程度和数量,基于平均分值计算得到的管道周边土体病害长度的相对值。

17 环境指数 environment index

依据管道周边土体病害的类型、严重程度、数量以及影响因素计算得到的数值。

附录2 各缺陷标准定义、等级及样图

附表2-1 破裂缺陷定义、代码、类型、等级及样图划分表

名称:破裂	代码:PL	缺陷类型:结构性缺陷
定义:管道外部压力超过其自身的承受力致使管材发生破裂。其形式有纵向、环向和复合3种		
等级	电视样图	

等级	电视样图
1级(裂痕): 当下列一个或多个情况存在时: (1)在管壁上可见细裂痕; (2)在管壁上由细裂缝处冒出少量沉积物; (3)轻度剥落	
2级(裂口): 破裂处已形成明显间隙,但管道的形状未受影响且破裂无脱落	
3级(破碎): 管壁材料移位或脱落处碎片的环向覆盖范围小于弧长60°	
4级(坍塌): 当下列一个或多个情况存在时: (1)变形大于管道直径的15%; (2)管道材料裂痕、裂口或破碎处边缘环向覆盖范围大于弧长60°; (3)管壁材料发生脱落的环向范围大于弧长60°	

附表 2-2　变形缺陷定义、代码、类型、等级及样图划分表

名称:变形	代码:BX	缺陷类型:结构性缺陷
定义:管道受外力挤压造成形状变异		
等级	电视样图	
1级: 变形长度小于管道直径的5%		
2级: 变形长度为管道直径的5%～15%		
3级: 变形长度大于管道直径的15%		

注:(1)此类型的故障记录只适用于柔性管;
　　(2)变形的百分比例需以实际测量为基础。

附录2 各缺陷标准定义、等级及样图

附表2-3 错口缺陷定义、代码、类型、等级及样图划分表

名称:错口	代码:CK	缺陷类型:结构性缺陷
定义:同一接口的两个管口产生横向偏差,未处于管道的正确位置		
等级	电视样图	
1级(轻度错口): 错口距离少于管壁厚度1/2		
2级(中度错口): 错口距离为管壁厚度的1/2~1		
3级(重度错口): 错口距离为管壁厚度的1~2倍		
4级(严重错口): 错口距离为管壁厚度的2倍以上		

附表 2-4　脱节缺陷定义、代码、类型、等级及样图划分表

名称:脱节	代码:TJ	缺陷类型:结构性缺陷
定义:两根管道的端部未充分结合或接口脱离			

等级	电视样图或示意图
1级(轻度脱节): 管道端部有少量泥土挤入	
2级(中度脱节): 脱节距离不大于20mm	
3级(重度脱节): 脱节距离为20~50mm	
4级(严重脱节): 脱节距离在50mm以上	

附录 2　各缺陷标准定义、等级及样图

附表 2-5　渗漏缺陷定义、代码、类型、等级及样图划分表

名称:渗漏	代码:SL	缺陷类型:结构性缺陷
定义:管道外的水流入管道或者管道内的水流出管道		
等级	电视样图	
1级(渗漏): 在管壁上有明显的水印,但未见水流出		
2级(滴漏): 水间断从缺陷点滴出,水流不连续		
3级(线漏): 水持续从缺陷点流出		
4级(涌漏): 水从缺陷点涌出或大量喷射出来		

附表 2-6 腐蚀缺陷定义、代码、类型、等级及样图划分表

名称:腐蚀	代码:FS	缺陷类型:结构性缺陷
定义:管道内壁受到有害物质的腐蚀或管道内壁受到磨损。管道标准水位上部的腐蚀来自排水管道中的酸碱腐蚀物所造成的腐蚀		

等级	电视样图
1级(轻度腐蚀): 表面轻微剥落,管壁出现凹凸面	
2级(中度腐蚀): 表面剥落显露卵石或钢筋	
3级(重度腐蚀): 卵石或钢筋完全显露	

附录2 各缺陷标准定义、等级及样图

附表2-7 支管暗接缺陷定义、代码、类型、等级及样图划分表

名称:支管暗接	代码:AJ	缺陷类型:结构性缺陷
定义:支管未通过检查井直接接入主管		
等级	电视样图或示意图	
1级:支管进入主管内的长度小于主管直径10%		
2级:支管进入主管内的长度在主管直径10%~20%之间		
3级:支管进入主管内的长度大于主管直径20%		
4级:支管未接入到主管。		

注:(1)支管资料应在注栏中说明;
  (2)主管缺陷需单独报告。

附表 2-8 异物侵入缺陷定义、代码、类型、等级及样图划分表

名称:异物侵入	代码:QR	缺陷类型:结构性缺陷
定义:非自身管道附属设施的物体穿透管壁进入管内		
等级	电视样图	
1级： 异物在管道内水平中心线的上方，且占用过水断面小于10%		
2级： (1)异物在管道内水平中心线的下方，且占用过水断面小于10%； (2)异物在管道内水平中心线的上方，且占用过水断面大于10%		
3级： 异物在管道内水平中心线的下方，且占用过水断面大于10%		

附表 2-9 沉积缺陷定义、代码、类型、等级及样图划分表

名称:沉积	代码:CJ	缺陷类型:功能性缺陷
定义:管道水中的有机或无机物,在管道底部沉积,形成了减少管道横截面面积的沉积物		
等级	电视样图	
1级: 沉积物深度小于管径的20%		
2级: 沉积物深度为管径的20%~40%		
3级: 沉积物深度大于管径的40%		

注:(1)用时钟表示法指明沉积的范围;

(2)应注明软质或硬质;

(3)声呐图像应量取沉积最大值。

附表 2-10 结垢缺陷定义、代码、类型、等级及样图划分表

名称:结垢	代码:JG	缺陷类型:功能性缺陷
定义:管道水中的污物,附着在管道内壁上,形成了减少管道横截面面积的附着堆积物			
等级	电视样图	

等级	电视样图
1级: (1)硬质结垢造成的过水断面面积损失小于15%; (2)软质结垢造成的过水断面面积损失在15%～25%之间	
2级: (1)硬质结垢造成的过水断面面积损失在15%～25%之间; (2)软质结垢造成的过水断面面积损失大于25%	
3级: 硬质结垢造成的过水断面面积损失大于25%	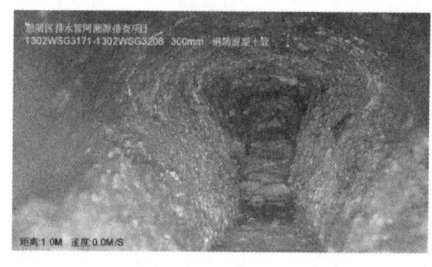

注:(1)用时钟表示法指明结垢的范围;
(2)应计算并注明过水断面损失的百分比;
(3)应注明软质或硬质。

附表 2-11　障碍物缺陷定义、代码、类型、等级及样图划分表

名称:障碍物	代码:ZW	缺陷类型:功能性缺陷
定义:管道内坚硬的杂物,如石头、柴枝、树枝、遗弃的工具、破损管道的碎片等			
等级	电视样图	

等级	电视样图
1级: 在检测过程中,障碍物已被去除。断面损失可忽略不计	
2级: 断面损失小于5%	
3级: 断面损失大于5%	

注:应在注栏内记录障碍物体的类型及过水断面面积的缩减比率。

附表 2-12　树根缺陷定义、代码、类型、等级及样图划分表

名称:树根	代码:SG	缺陷类型:功能性缺陷
定义:单根树根或是树根群自然生长进入管道		
等级	电视样图	
1级： 过水断面面积损失量小于15%		
2级： 过水断面面积损失量在15%~25%之间		
3级： 过水断面面积损失量大于25%		

附录 2 各缺陷标准定义、等级及样图

附表 2-13 洼水缺陷定义、代码、类型、等级及样图划分表

名称:洼水	代码:WS	缺陷类型:功能性缺陷
定义:管道因沉降等因素形成水洼,按实际水深减去正常水位占管道内径的百分比记入检测记录表。交接确认管检测时,按结构性病害评估			

等级	示意图
1级: 水深/管径≤20%	
2级: 20%＜水深/管径≤40%	
3级: 水深/管径＞40%	

注:(1)应如实记录百分比;
(2)一般是指柔性管道。

附表 2-14　残墙、坝根缺陷定义、代码、类型、等级及样图划分表

名称:残墙、坝根	代码:CQ	缺陷类型:功能性缺陷
定义:残留在管道内的封堵材料		
等级	电视样图或示意图	
1级： 过水断面面积减少量小于5%		
2级： 过水断面面积减少量在5%~15%之间		
3级： 过水断面面积减少量大于15%		

注：(1)用时钟表示法指明坝头残留的范围；
　　(2)应计算并注明过水断面损失的百分比。

附表 2-15 浮渣缺陷定义、代码、类型、等级及样图划分表

名称:浮渣	代码:FZ	缺陷类型:功能性缺陷
定义:管道内水面上的漂浮物		
等级	电视样图	
1级: 零星的漂浮物		
2级: 较多的漂浮物		
3级: 大量的漂浮物		

附录3　引用标准名录

本指南引用了下列标准规范中的有关条款。凡是不注日期的引用文件，其最新版本适用于本技术指南。

(1) GB 55027　　　城乡排水工程项目规范
(2) GB 55020　　　建筑给水排水与节水通用规范
(3) GB 55026　　　城市给水工程项目规范
(4) GB 55027　　　城乡排水工程项目规范
(5) GB/T 37862　　非开挖修复用塑料管道　总则
(6) CJJ/T 210　　　城镇排水管道非开挖修复更新工程技术规程
(7) T/CECS 717　　城镇排水管道非开挖修复工程施工及验收规程
(8) DB42/T 1615　 湖北省地方标准城镇排水管道检测与评估技术标准
(9) 厦门市城镇排水排查技术导则(试行)(厦污建指办〔2019〕7号)

附录4 CCTV 检测案例

第一节 CCTV 检测项目

1. 工程概况一览表：

附表 4-1 CCTV 检测项目工程概况表

工程名称	武汉市中心城区排水管网检测		
工程地点	武汉市建设街		
建设单位	—		
设计单位	—		
施工单位	—		
监理单位	—		
质量监督			
检测和评估依据标准	《城市排水许可管理办法》建设部令第152号 《城市排水监测工作管理规定》建城字〔1992〕886号 《城市地下管线探测技术规程》(CJJ 61—2017) 《城乡排水工程项目规范》(GB 55027—2022) 《城市地下管线工程档案管理办法》建设部令第136号		
管道类型	(YS)雨水管道	管道直径(mm)	300
管道材质	(GH)钢筋混凝土管	管道年龄	14
管道段数/长度(m)	21段/328	检测段数/长度(m)	21段/328
检测目的	常规见证检测	检测日期	2021年05月24日
投入人员、采用仪器设备和技术方法	投入人员:2个检测组,共计12人 检测仪器设备:管道CCTV检测机器人 设备移动方式:爬行 管道封堵方法:气囊封堵 临时排水方法:临时调水 管道清洗方法:高压清洗		

2. 管道基本信息图

(1)管道地理位置示意图。

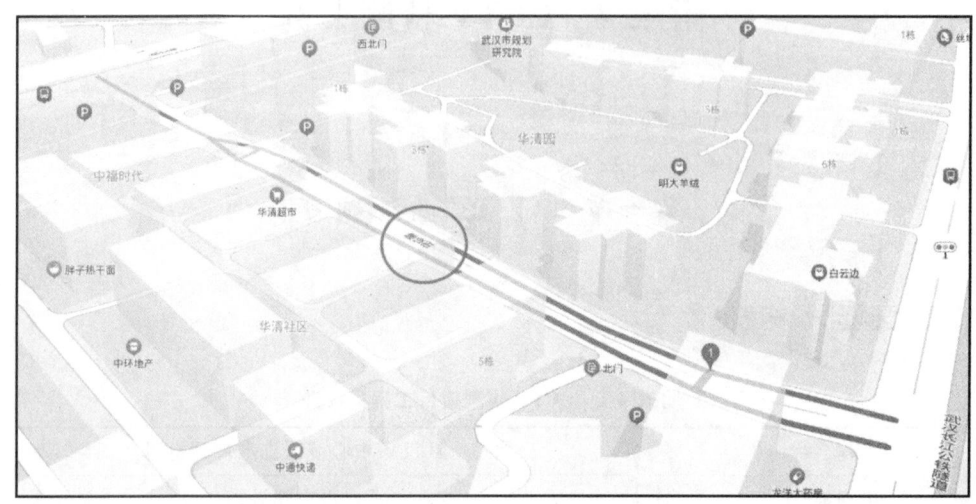

附图 4-1　施工管道地理位置 3D 图

(2)管道编号位置示意图。

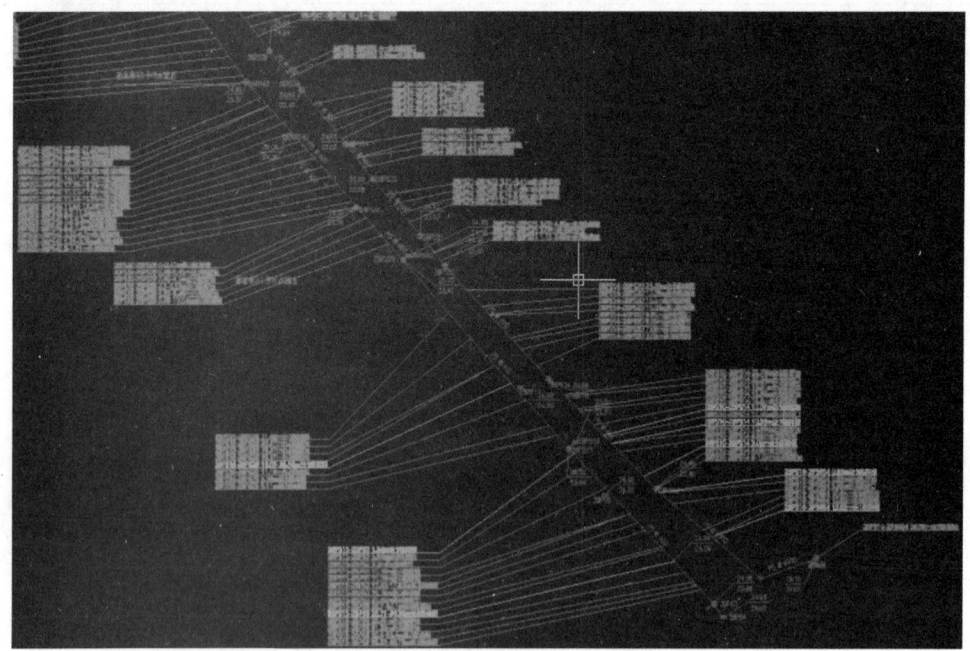

附图 4-2　施工管道编号 CAD 图

3. 雨水管道主要工程量表

附表 4-2　项目主要工程量表

序号	名称	管径(mm)	管道长度(m)	检测长度(m)	备注
1	(YS)雨水管道	300	129	129	分 11 段
2	(YS)雨水管道	400	12	12	分 1 段
3	(YS)雨水管道	500	17	17	分 1 段
4	(YS)雨水管道	1000	5	5	分 1 段
5	(YS)雨水管道	1400	165	165	分 7 段
总计				328	21 段

第二节　CCTV 检测方案

1. 施工流程

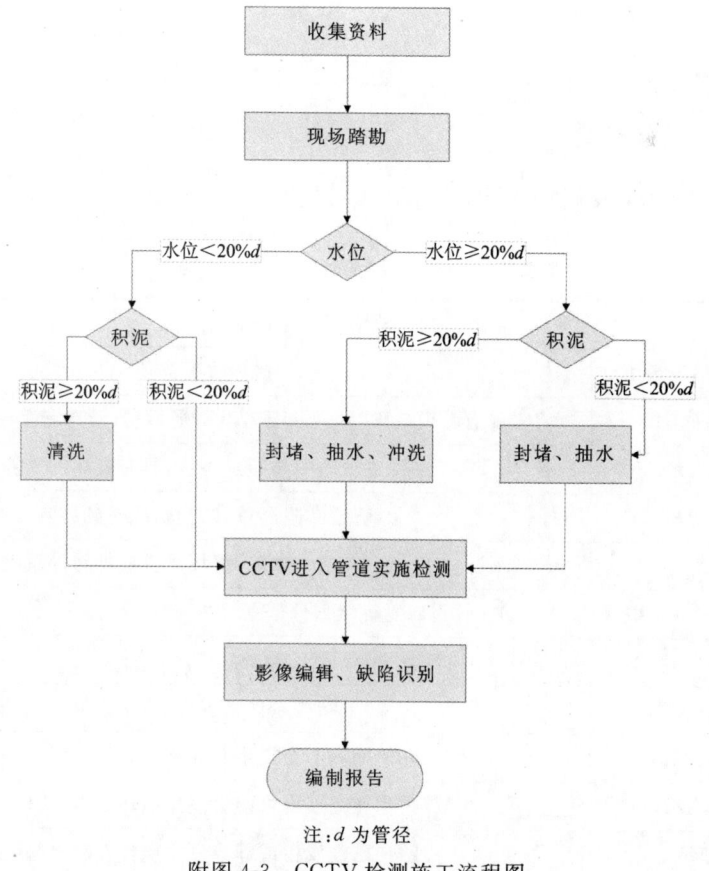

注：d 为管径

附图 4-3　CCTV 检测施工流程图

2. 施工方法

以收集的市政排水管网资料为工作底图,综合运用人工检测、仪器探查、泵站运行配合等方法、手段,查明检测区域内设施破损情况(检查井、雨水口、井室)、排水管道现状等信息。

(1)人工检测。检测方法为人工开启检查井来判定管道的连接关系,通过人工现场实地勘察,初步判断检查井的设施完好情况、管道连接关系等情况,检测时记录设施完好情况、管道属性、连接关系、材质、管径等信息。

(2)仪器探测。管道内窥摄像检测(closd circuit television inspection,CCTV),采用闭路电视系统进行管道检测的方法,系统距离编码器可详细地反映缺陷的具体位置,长度可达150m,旋转摄像头径向可旋转360°,轴向可旋转210°。可对管道内部的情况进行实时影像监视、记录、视频回放、图像抓拍及视频文件的刻录等操作,便于及时发现管道内部情况。

管道潜望镜检测(pipe quick view inspection,QV),采用管道潜望镜在检查井管口位置对管道进行内窥检测的方法,对于较短的排水管可以得到较为清晰的影像资料,影像既可以现场观看、分析,也便于计算机储存。

(3)泵站配合检测。泵站配合检测也是检测的方法之一,在泵站配合排水时,通过人工开井观察管道内水流方法来确定管道的连接状况,是最方便的管道连接检测方法。

3. 管道缺陷状况评估方法

详情见本指南第五章。

4. 管道缺陷处理依据

(1)结构性缺陷评定及修复依据表。

附表 4-3 结构性缺陷评定及修复依据表

管道结构性缺陷等级评定依据		
等级	缺陷参数 F	损坏状况描述
Ⅰ	$F \leqslant 1$	无或有轻微缺陷,结构状况基本不受影响,但具有潜在变坏的可能
Ⅱ	$1 < F \leqslant 3$	管道缺陷明显超过一级,具有变坏的趋势
Ⅲ	$3 < F \leqslant 6$	管道缺陷严重,结构状况受到影响
Ⅳ	$F > 6$	管道存在重大缺陷,损坏严重或即将导致破坏
管道修复等级划分依据		
养护等级	养护指数 MI	养护建议及说明
Ⅰ	$MI \leqslant 1$	结构条件基本完好,不修复
Ⅱ	$1 < MI \leqslant 4$	结构在短期内不会发生破坏现象,但应制订修复计划
Ⅲ	$4 < MI \leqslant 7$	结构在短期内可能会发生破坏,应尽快修复
Ⅳ	$MI > 7$	结构已经发生或即将发生破坏,应立即修复

续附表 4-3

管道结构性缺陷等级评定依据		
结构性缺陷管道修复技术参考依据		
管径(mm)	修复指数 RI	适用修复技术方案
$D<800$	$1<RI\leqslant 7$	点状原位固化法/不锈钢快速锁法
	$RI>7$	原位固化法内衬修复法/水泥基材料喷筑法
$D\geqslant 800$	$1<RI\leqslant 7$	注浆堵漏加固+钢套环修复法/水泥基材料喷筑法/点状原位固化法
	$RI>7$	紫外光固化法修复技术/水泥基材料喷筑修复技术/短管内衬焊接修复技术
结构性缺陷管道修复范围依据		
结构性缺陷密度 S_M	$S_M<0.5$	$S_M\geqslant 0.5$
修复范围	局部修复	整体修复

(2)功能性缺陷评定及修复依据表。

附表 4-4 功能性缺陷评定及修复依据表

管道功能性缺陷等级评定依据		
等级	缺陷参数 G	运行状况说明
Ⅰ	$G\leqslant 1$	无或有轻微影响,管道运行基本不受影响
Ⅱ	$1<G\leqslant 3$	管道过流有一定的受阻,运行受影响不大
Ⅲ	$3<G\leqslant 6$	管道过流受阻比较严重,运行受到明显影响
Ⅳ	$G>6$	管道过流受阻很严重,即将或已经导致运行瘫痪
管道养护等级划分依据		
养护等级	养护指数 MI	养护建议及说明
Ⅰ	$MI\leqslant 1$	没有明显需要处理的缺陷
Ⅱ	$1<MI\leqslant 4$	没有立即进行处理的必要,但宜制订处理计划
Ⅲ	$4<MI\leqslant 7$	根据基础数据进行全面的考虑,应尽快处理
Ⅳ	$MI>7$	输水功能受到严重影响,应立即进行处理

第三节 CCTV 检测报告

1. 检查井检测结果汇总表

附表 4-5 检查井检测结果统计表

序号	检查井类型	材质	单位	数量	其中非道路下数量	完好数量	井盖井座缺失数量	井内有杂物数量	井内有缺损数量	盖框凸出或回陷数量	井室周围填土有沉降数量	备注
1	雨水口	混凝土	个	11	0	11	0	0	0	0	0	—
2	检查井	铁	个	8	0	8	0	0	0	0	0	—
3	连接暗井	—	—	—	—	—	—	—	—	—	—	—
4	溢流井	—	—	—	—	—	—	—	—	—	—	—
5	跌水井	—	—	—	—	—	—	—	—	—	—	—
6	水封井	—	—	—	—	—	—	—	—	—	—	—
7	冲洗井	—	—	—	—	—	—	—	—	—	—	—
8	沉泥井	—	—	—	—	—	—	—	—	—	—	—
9	闸门井	—	—	—	—	—	—	—	—	—	—	—
10	潮门井	—	—	—	—	—	—	—	—	—	—	—
12	其他	—	—	—	—	—	—	—	—	—	—	—

2. 管道缺陷检测结果汇总表

附表 4-6 管道缺陷检测结果统计表

序号	管段编号	管径(mm)	管段材质	管段长度(m)	检测长度(m)	结构性缺陷	功能性缺陷
1	YS001-YS002	300	钢筋混凝土管	2	2	—	纵向 0m 处,环向 0309 位置存在(CJ)沉积,3 级:沉积物厚度为管道直径的 40%～50%。纵向长度 2m
2	YS003-YS004	300	钢筋混凝土管	5	5	纵向 3m 处,环向 0309 位置存在(FS)腐蚀,2 级:中度腐蚀——表面剥落显露粗骨料或钢筋。纵向长度 2m	—
3	YS005-YS006	300	钢筋混凝土管	5	5	—	纵向 4m 处,环向 0408 位置存在(CJ)沉积,1 级:沉积物厚度为管道直径的 20%～30%。纵向长度 1m
4	YS007-YS008	1000	钢筋混凝土管	5	5	—	纵向 4m 处,环向 0012 位置存在(CQ)残墙、坝根,4 级:过水断面损失大于 50%。纵向长度 1m

3. 管道缺陷汇总统计图

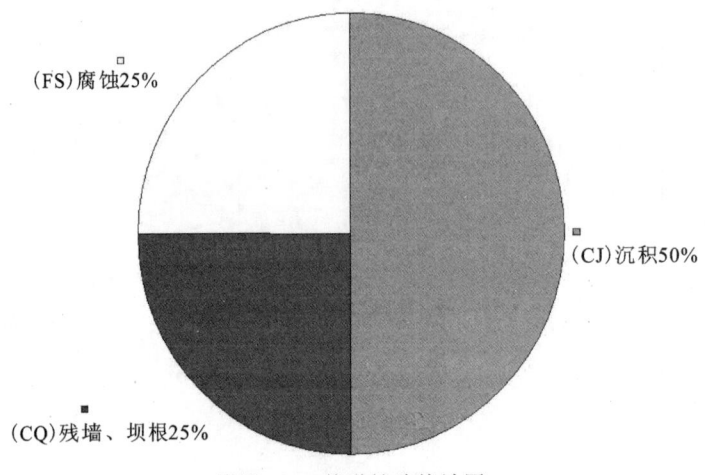

附图 4-4 管道缺陷统计图

4. 管道结构性缺陷统计表

附表 4-7 管道结构性缺陷统计表

缺陷名称	级别				小计
	1级(轻微)	2级(中等)	3级(严重)	4级(重大)	
	缺陷个数(个)	缺陷个数(个)	缺陷个数(个)	缺陷个数(个)	
(AJ)支管暗接	0	0	0	—	0
(BX)变形	0	0	0	0	0
(CK)错口	0	0	0	0	0
(CR)异物穿入	0	0	0	—	0
(FS)腐蚀	0	1	0	—	1
(PL)破裂	0	0	0	0	0
(QF)起伏	0	0	0	—	0
(SL)渗漏	0	0	0	0	0
(TJ)脱节	0	0	0	0	0
(TL)接口材料脱落	0	0	—	—	0
合计	0	1	0	0	1

5. 管道功能性缺陷统计表

附表4-8 管道功能性缺陷统计表

缺陷名称	级别				小计
	1级(轻微)	2级(中等)	3级(严重)	4级(重大)	
	缺陷个数(个)	缺陷个数(个)	缺陷个数(个)	缺陷个数(个)	
(CJ)沉积	1	0	1	0	2
(CQ)残墙、坝根	0	0	0	1	1
(FZ)浮渣	0	0	0	—	0
(JG)结垢	0	0	0	0	0
(SG)树根	0	0	0	0	0
(ZW)障碍物	0	0	0	0	0
合计	1	0	1	1	3

6. 管道检测与评估成果表

附表4-9 管道检测与评估成果表

录像文件	YS001-YS002.mp4	起始井号	YS001	终止井号	YS002
附属设施	雨箅、雨水口	起点埋深(m)	1.5	终点埋深(m)	1
管道类型	雨水管道	管道材质	钢筋混凝土	管道直径(mm)	300
检测方向	逆流	管道长度(m)	2	检测长度(m)	2
修复指数	—	养护指数	—	检测人员	
检测地点	建设街	建设日期	2002年	检测日期	2021年05月24日
距离(m)	缺陷名称代码	分值	等级	管道内部状况描述	缺陷点环形位置(时钟)	照片
0	(CJ)沉积	5	3	沉积物深度大于管道直径的40%	0309	1
—	—	—	—	—	—	—
备注信息						

续附表 4-9

录像文件	YS001-YS002.mp4	起始井号	YS001	终止井号	YS002
照片1			—		
录像文件	YS003-YS004.mp4	起始井号	YS003	终止井号	YS004
附属设施	雨箅、雨水口	起点埋深(m)	1.5	终点埋深(m)	1
管道类型	雨水管道	管道材质	钢筋混凝土	管道直径(mm)	300
检测方向	逆流	管道长度(m)	5	检测长度(m)	5
修复指数	—	养护指数	—	检测人员	—
检测地点	建设街	建设日期	2002年	检测日期	2021年05月24日
距离(m)	缺陷名称代码	分值	等级	管道内部状况描述	缺陷点环形位置(时钟表示)	照片
3	(FS)腐蚀	2	2	管道内壁受侵蚀而流失或剥落,纵向长度2m处有麻面并露出钢筋	0309	1
—	—	—	—	—	—	—
备注信息						

照片1			—		
录像文件	YS005-YS006.mp4	起始井号	YS005	终止井号	YS006
附属设施	雨箅、雨水口	起点埋深(m)	1.5	终点埋深(m)	1
管道类型	雨水管道	管道材质	钢筋混凝土	管道直径(mm)	300
检测方向	逆流	管道长度(m)	5	检测长度(m)	5
修复指数	—	养护指数	—	检测人员	—
检测地点	建设街	建设日期	2002年	检测日期	2021年05月24日
距离(m)	缺陷名称代码	分值	等级	管道内部状况描述	缺陷点环形位置(时钟表示)	照片

续附表 4-9

录像文件	YS001-YS002.mp4	起始井号		YS001	终止井号		YS002	
4	(CJ)沉积	0.5	1	杂质在管道底部沉淀淤积			0408	1
—	—	—	—	—			—	—
备注信息								

照片 1 | —

录像文件	YS007-YS008.mp4	起始井号	YS007	终止井号	YS008
附属设施	检修井	起点埋深(m)	3.3	终点埋深(m)	3.2
管道类型	雨水管道	管道材质	钢筋混凝土	管道直径(mm)	1000
检测方向	逆流	管道长度(m)	5	检测长度(m)	5
修复指数	—	养护指数	—	检测人员	—
检测地点	建设街	建设日期	2002 年	检测日期	2021 年 05 月 24 日

距离(m)	缺陷名称代码	分值	等级	管道内部状况描述	缺陷点环形位置(时钟表示)	照片
4	(CQ)残墙、坝根	10	4	管道闭水试验时砌筑的临时砖墙封堵,试验后未拆除或拆除不彻底的遗留物	0012	1
—	—	—	—	—	—	—
备注信息						

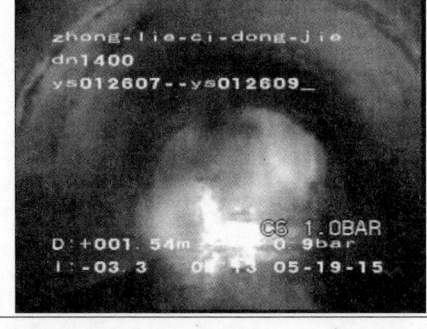

照片 1 | —

7. 管道缺陷状况评估结果与建议

(1)评估结果。根据上述检测结果,检测管道总长度 328m 共分为 21 段,其中 DN1400 管道长度为 165m 分为 7 段,DN1000 管道长度为 5m 分为 1 段,DN500 管道长度为 17m 分为 1 段,DN400 管道长度为 12m 分为 1 段,DN300 管道长度为 129m 分为 11 段。在检测中发现问题点 4 处,主要为沉积、障碍物、腐蚀和残墙,其中 YS012607～YS012611 的洞口被堵死。该段道路雨水管道现状良好,虽然部分管道有轻微缺陷但是对管道结构及使用基本不造成影响,但是缺陷具有潜在变坏的可能性。

(2)修复建议表(附表 4-10)。

附表 4-10　管道修复建议表

起始井	终止井	缺陷类型	缺陷位置 纵向(m)	缺陷位置 环向	缺陷等级	修复建议	修复方式
YS001	YS002	沉积	0	0309	三级	修复计划	疏通管道
YS003	YS004	腐蚀	3	0309	二级	修复计划	疏通管道
YS005	YS006	沉积	4	0408	一级	修复计划	暂不修复
YS007	YS008	残墙坝根	4	0012	四级	尽快修复	疏通管道

附录 5 声呐检测案例

第一节 声呐检测项目

1. 工程概况

声呐检测项目工程概况见附表 5-1。

附表 5-1 声呐检测项目工程概况表

工程名称	武汉市城市生活污水管网检测工程		
工程地点	湖北省武汉市某主城区		
建设单位	—		
设计单位	—		
施工单位	—		
监理单位	—		
质量监督	—		
检测和评估依据标准	《城市排水许可管理办法》建设部令第 152 号 《城市排水监测工作管理规定》建城字〔1992〕886 号 《城市地下管线探测技术规程》(CJJ 61—2017) 《城乡排水工程项目规范》(GB 55027—2022) 《城市地下管线工程档案管理办法》建设部令第 136 号		
管道类型	(WS)污水管道	管道直径(mm)	DN1500/DN1800
管道材质	(HN)混凝土管	管道年龄	8
管道段数/长度(m)	37 段/4133	检测段数/长度(m)	37 段/4133
检测目的	管道缺陷情况	检测日期	2021 年 09 月 10 日
采用仪器设备和技术方法	检测仪器设备:声呐检测仪 设备移动方式:工程车 管道封堵方法:—— 临时排水方法:—— 管道清洗方法:——		

2. 主要工程量表

附表5-2 项目主要工程量表

序号	名称	管径(mm)	管道长度(m)	检测长度(m)	备注
1	(HN)混凝土管(WS)污水管道	1500	840	840	分7段
2	(HN)混凝土管(WS)污水管道	1800	3293	3293	分30段

3. 现场调查情况

附图5-1 溯源排查工作图

第二节　声呐检测方案

1. 施工流程

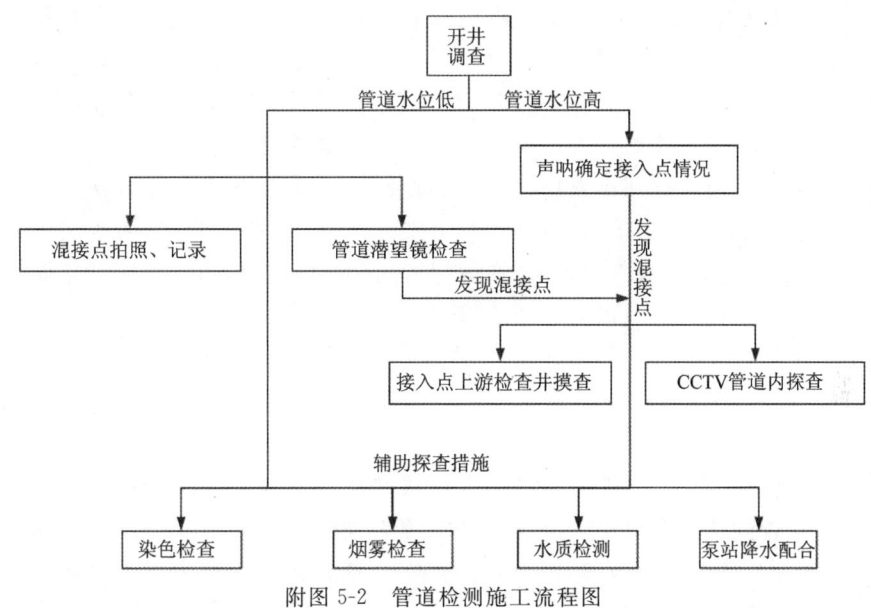

附图 5-2　管道检测施工流程图

2. 收集资料或信息

主要包括以下资料：
(1) 城市总体规划图；
(2) 城市建成区现状图；
(3) 已有的排水管线图或排水系统 GIS；
(4) 管道的竣工资料；
(5) 已有管道的检测资料；
(6) 区域用水量的调查数据，包括公共供水设施供水量和自备用水量；
(7) 污水处理厂及泵站的运行数据；
(8) 调查区域排水户的接管信息；
(9) 向养护部门调查了解区域内排水管线的维护管养等情况；
(10) 其他相关资料。
对现有资料进行全面梳理研究，明晰区块内排水户分布及污水收集系统情况。

3. 现场踏勘

现场调查主要内容包括：
(1) 察看调查区域的入河排水口分布情况；

(2)察看调查区域的地物、地貌、交通和排水管道分布情况；
(3)察看排水管道的水位、淤积、水流等情况；
(4)核对已有管网的走向、规格和管道属性等要素。

4. 排查类别

依据排查区块内入河排放口、污水处理厂及泵站水量水质及运行情况，分类梳理，开展针对性排查工作。

(1)简单排查。对河道无排放口、厂站运行规模、水质或实际复核相吻合，城市水环境质量较好区域可简单排查，主要通过人工调查，泵站运行相配合进行。

(2)重点排查。对河道存在排放口、厂站运行规模、水质与设计或实际复核不吻合，城市水环境质量较差区域需要重点排查，通过入河排放口追溯上游排水户，查清水质、水量及接管情况，摸清排水户现状；通过人工调查，泵站运行相配合进行排查，同时采用仪器探查、水质监测等方法辅助排查，明确管网混接情况和缺陷情况。

5. 排查内容

(1)排水户排查内容。

调查排水区内排水户名称、性质、规模(人口或产量)、用水量，对排水户周边的管道进行排查，核实管道是否到位、排水户是否按照要求与管道连接、管道是否与污水厂连通。

调查排水区内各类排水户内部是否雨污分流，生活污水是否接入污水管网，未分流、未接入的是否具备条件改造接入。

调查住宅小区阳台污水是否接入污水系统，车库内的污水排水和接管情况等。调查沿街商铺的排水方式和水质水量特征情况。

调查排水区内重点工业企业是否接入城镇污水管网，是否符合《江苏省污水集中处理设施环境保护监督管理办法》和《关于进一步加强污水处理厂污染减排工作的通知》中有关污水接纳的规定。

(2)管网排查内容。

摸底排查现状排水口、管线、检查井及泵站，探明现状排水管网的布局；查找管网标高起伏、错漏接、断头点等情况。

检测排水管道及检查井的结构性缺陷和功能性缺陷的类型、位置、数量和状况。管道结构性缺陷主要包括脱节、破裂、胶圈脱落、变形、错位、异物侵入等；功能性缺陷主要包括管道内淤泥和建筑泥浆沉积等；检查井结构性缺陷包括井壁破裂、管道连接脱口、井底不完整等。

6. 管涵检测技术

针对高地下水水位地区污水管道检测的难点问题，如穿渠过河管道，高地下水水位渗漏、大管径、大埋深管道，倒虹吸管等困难管道。这些管道大多数存在破损、腐蚀、渗漏、堵塞等缺陷，严重影响管道的正常使用。而这类管道由于所处地质条件和周边环境较为复杂、地下水水位高、管道内部满水或沉积堵塞严重等，普通的封堵和降水措施难以有效进行，传统检测机器人设备无法进入或检测精度不够，对工程开展造成一定难度。

本项目采用声呐检测技术,对于一些无法采取降水措施的管道,声呐检测技术可代替CCTV检测设备进行详细检测。

声呐检测是利用管道成像声呐检测仪对管道内部结构进行检测。该技术无需排干排水管道并可以对管道内部结构成像,提供准确的管道内部结构量化数据,从而检测和鉴定管道的破损和堵塞情况。

声呐系统包括发射探头、连接电缆和带显示器声呐处理器。对于非完全满水的管涵,探头可安装在爬行器、牵引车或漂浮筏上,使其在管道内移动,连续采集信号,此时声呐检测可与CCTV检测同步进行,以全面地对排水管道内部做出准确的检测。每一个发射/接收周期采样250点,每一个360°旋转需执行400个周期。声呐检测时管道内的水深应大于300mm,当探头无法行进或被埋入泥沙时,应停止检测。

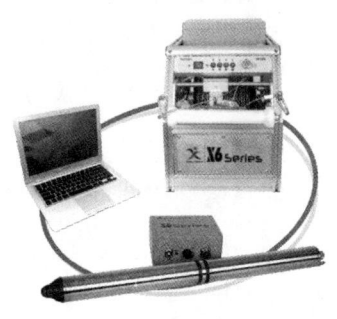

附图 5-3 声呐检测设备图

附图 5-4 声呐检测施工图

第三节　声呐检测报告

1. 管道缺陷汇总统计表

附表 5-3　管道缺陷汇总统计表

序号	管道编号	管径（mm）	管道材质	管道长度（m）	检测长度（m）	结构性缺陷	功能性缺陷
1	W54-W55	1800	（HN）混凝土管	120	120	—	存在(CJ)沉积。2级:沉积物厚度为管道直径的30%~40%
2	W53-W54	1800	（HN）混凝土管	120	120	—	存在(CJ)沉积。3级:沉积物厚度为管道直径的40%~50%
3	W52-W53	1800	（HN）混凝土管	120	120	—	存在(CJ)沉积。2级:沉积物厚度为管道直径的30%~40%
4	W52-W51	1800	（HN）混凝土管	120	120	—	存在(CJ)沉积。2级:沉积物厚度为管道直径的30%~40%

续附表 5-3

序号	管道编号	管径(mm)	管道材质	管道长度(m)	检测长度(m)	结构性缺陷	功能性缺陷
5	W43-W44	1800	(HN)混凝土管	80	80	—	存在(CJ)沉积。1级:沉积物厚度为管道直径的20%~30%
6	W42-W42-1	1800	(HN)混凝土管	80	80	—	存在(CJ)沉积。1级:沉积物厚度为管道直径的20%~30%
7	W42-1-W43	1800	(HN)混凝土管	80	80	—	存在(CJ)沉积。1级:沉积物厚度为管道直径的20%~30%
8	W41-1-W42	1800	(HN)混凝土管	80	80	—	存在(CJ)沉积。1级:沉积物厚度为管道直径的20%~30%
9	W41-1-W40-1	1800	(HN)混凝土管	120	120	—	存在(CJ)沉积。1级:沉积物厚度为管道直径的20%~30%
10	W26-W27	1500	(HN)混凝土管	120	120	—	存在(CJ)沉积。1级:沉积物厚度为管道直径的20%~30%
11	W25-W26	1500	(HN)混凝土管	120	120	—	存在(CJ)沉积。1级:沉积物厚度为管道直径的20%~30%
12	W24-W25	1500	(HN)混凝土管	120	120	—	存在(CJ)沉积。1级:沉积物厚度为管道直径的20%~30%

2. 管道结构性缺陷统计表

附表 5-4 管道结构性缺陷统计表

缺陷名称	级别				小计
	1级(轻微)	2级(中等)	3级(严重)	4级(重大)	
	缺陷个数(个)	缺陷个数(个)	缺陷个数(个)	缺陷个数(个)	
(AJ)支管暗接	0	0	0	—	0
(BX)变形	0	0	0	0	0
(CK)错口	0	0	0	0	0
(CR)异物穿入	0	0	0	—	0
(FS)腐蚀	0	0	0	—	0
(PL)破裂	0	0	0	0	0
(QF)起伏	0	0	0	—	0
(SL)渗漏	0	0	0	0	0

续附表 5-4

缺陷名称	级别				小计
	1级(轻微)	2级(中等)	3级(严重)	4级(重大)	
	缺陷个数(个)	缺陷个数(个)	缺陷个数(个)	缺陷个数(个)	
(TJ)脱节	0	0	0	0	0
(TL)接口材料脱落	0	0	—	—	0
合计	0	0	0	0	0

3. 管道功能性缺陷统计表

附表 5-5 管道功能性缺陷统计表

缺陷名称	级别				小计
	1级(轻微)	2级(中等)	3级(严重)	4级(重大)	
	缺陷个数(个)	缺陷个数(个)	缺陷个数(个)	缺陷个数(个)	
(CJ)沉积	10	3	1	0	14
(CQ)残墙、坝根	0	0	0	0	0
(FZ)浮渣	0	0	0	—	0
(JG)结垢	0	0	0	0	0
(SG)树根	0	0	0	0	0
(ZW)障碍物	0	0	0	0	0
合计	10	3	1	0	14

4. 管道缺陷汇总统计图

■(CJ)沉积100%

附图 5-5 管道缺陷汇总统计图

5. 管道缺陷评估表

附表 5-6 管道缺陷评估表

管段编号	材质	管径 (mm)	长度 (m)	埋深 (m)	结构性缺陷 平均值 S	结构性缺陷 最大值 S_{max}	结构性缺陷 缺陷等级	结构性缺陷 缺陷密度	结构性缺陷 修复指数 RI	结构性缺陷 综合状况评价	功能性缺陷 平均值 Y	功能性缺陷 最大值 Y_{max}	功能性缺陷 缺陷等级	功能性缺陷 缺陷密度	功能性缺陷 养护指数 MI	功能性缺陷 综合状况评价
W54-W55	(HN)混凝土管	1800	120	—	—	—	—	—	—	—	2.00	2.00	2级	0.01	1.60	(局部缺陷)管道过流受阻,运行受一定影响不大。没有立即进行处理的必要,但宜制订处理计划
W53-W54	(HN)混凝土管	1800	120	—	—	—	—	—	—	—	5.00	5.00	3级	0.01	6.00	(局部缺陷)管道过流受阻比较严重,运行受到明显影响。根据基础数据进行全面的考虑,应尽快处理
W52-W53	(HN)混凝土管	1800	120	—	—	—	—	—	—	—	2.00	2.00	2级	0.01	1.60	(局部缺陷)管道过流受阻,运行受一定影响不大。没有立即进行处理的必要,但宜制订处理计划

续附表 5-6

管段编号	材质	管径(mm)	长度(m)	埋深(m)	结构性缺陷							功能性缺陷				
					平均值 S	最大值 S_{max}	缺陷等级	缺陷密度	修复指数 RI	综合状况评价	平均值 Y	最大值 Y_{max}	缺陷等级	缺陷密度	养护指数 MI	综合状况评价
W52-W51	（HN）混凝土管	1800	120	—	—	—	—	—	—	—	2.00	2.00	2级	0.01	1.60	（局部缺陷）管道过流有一定的受阻，运行受影响不大。没有立即进行处理的必要，但宜制订处理计划
W43-W44	（HN）混凝土管	1800	80	—	—	—	—	—	—	—	0.50	0.50	1级	0.01	0.40	（局部缺陷）无或有轻微影响，管道运行基本不受影响。没有明显的缺陷，不需要养护
W42-W42-1	（HN）混凝土管	1800	80	—	—	—	—	—	—	—	0.50	0.50	1级	0.01	0.40	（局部缺陷）无或有轻微影响，管道运行基本不受影响。没有明显的缺陷，不需要养护

续附表 5-6

管段编号	材质	管径(mm)	长度(m)	埋深(m)	结构性缺陷							功能性缺陷				
					平均值 S	最大值 S_{max}	缺陷等级	缺陷密度	修复指数 RI	综合状况评价	平均值 Y	最大值 Y_{max}	缺陷等级	缺陷密度	养护指数 MI	综合状况评价
W42-1-W43	(HN)混凝土管	1800	80	—	—	—	—	—	—	—	0.50	0.50	1级	0.01	0.40	(局部缺陷)无或有轻微影响,管道运行基本不受影响。没有明显的缺陷,不需要处理的缺陷,不需要养护
W41-1-W42	(HN)混凝土管	1800	80	—	—	—	—	—	—	—	0.50	0.50	1级	0.01	0.40	(局部缺陷)无或有轻微影响,管道运行基本不受影响。没有明显的缺陷,不需要处理的缺陷,不需要养护
W41-1-W40-1	(HN)混凝土管	1800	120	—	—	—	—	—	—	—	0.50	0.50	1级	0.01	0.40	(局部缺陷)无或有轻微影响,管道运行基本不受影响。没有明显的缺陷,不需要处理的缺陷,不需要养护

附录 5 声呐检测案例

续附录表 5-6

管段编号	材质	管径(mm)	长度(m)	埋深(m)	结构性缺陷							功能性缺陷					
					平均值 S	最大值 S_{max}	缺陷等级	缺陷密度	修复指数 RI	综合状况评价	平均值 Y	最大值 Y_{max}	缺陷等级	缺陷密度	养护指数 MI	综合状况评价
W31-W32	(HN)混凝土管	1800	120	—	—	—	—	—	—	—	0.50	0.50	1级	0.01	0.40	(局部缺陷)无或有轻微影响,管道运行基本不受影响。没有明显的缺陷,不需要处理养护
W26-W27	(HN)混凝土管	1500	120	—	—	—	—	—	—	—	0.50	0.50	1级	0.01	0.40	(局部缺陷)无或有轻微影响,管道运行基本不受影响。没有明显的缺陷,不需要处理养护
W25-W26	(HN)混凝土管	1500	120	—	—	—	—	—	—	—	0.50	0.50	1级	0.01	0.40	(局部缺陷)无或有轻微影响,管道运行基本不受影响。没有明显的缺陷,不需要处理养护
W24-W25	(HN)混凝土管	1500	120	—	—	—	—	—	—	—	0.50	0.50	1级	0.01	0.40	(局部缺陷)无或有轻微影响,管道运行基本不受影响。不需要养护

6. 部分管道沉积状况纵断面图及缺陷详细图表

附表 5-7 W23～W24 管段沉积状况断面图及缺陷详细表

管段编号	W23-W24	管道直径(mm)	1500	管段长度(m)	120	权属单位	—
管道类型	雨污合流管道	管道埋深(m)	4.2	检测长度(m)	120	检测单位	—
管道材质	钢筋混凝土管			检测日期	2021年9月10日	检测地址	武汉主城区
检测人员						淤积量:8.90m³	

积深(mm)	202	374	318	278	318	346	356	301	342	307	平均积深(mm)	358
比例(%)	10.00	24.93	21.20	18.53	21.20	23.07	23.73	20.07	22.80	20.47	平均(%)	23.87
间距(m)	0.23	2.89	2.78	2.85	3.18	2.62	4.15	3.09	3.27	2.89	平均间距(m)	3.11
距离(m)	0.23	3.12	5.90	8.75	11.93	14.55	18.70	21.79	25.06	27.95	总长(m)	120

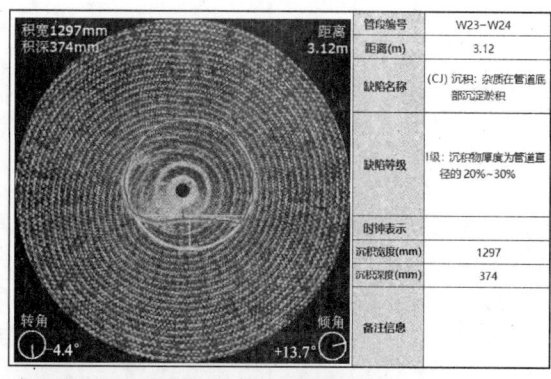

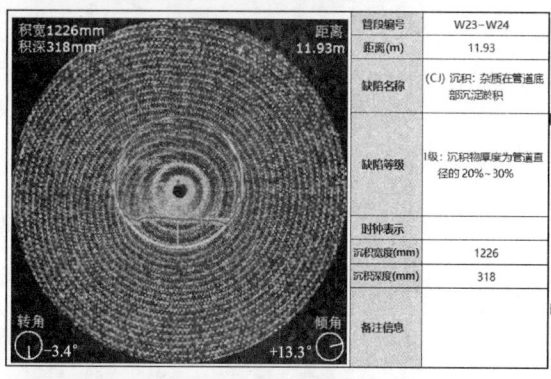

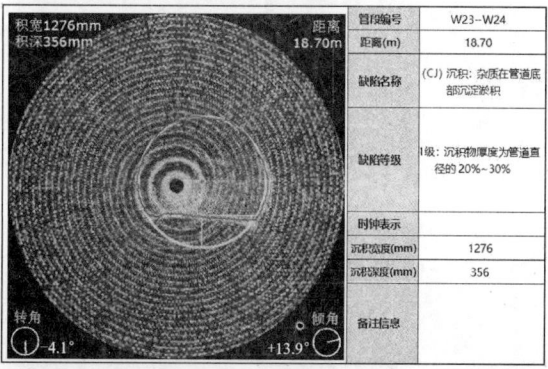

附图 5-6　W23~W24 管道声呐检测图表

附表 5-8 W25～W26 管段沉积状况纵断图及缺陷详细表

管段编号	W25～W26	管道直径（mm）	1500	管段长度（m）	120	权属单位	—
管道类型	雨污合流管道	管道埋深（m）	4.67	检测长度（m）	120	检测单位	—
管道材质	钢筋混凝土管	检测人员		检测日期	2021年09月10日	检测地址	武汉主城区

检测方向 →

淤积量：42.14 m³

（管顶线）
（允许淤积深度线）
（管内水位线）
（管底线）

井 W25 ... 井 W26

积深（mm）	比例（%）	间距（m）	距离（m）
403	26.87	6.21	114.67
414	27.60	4.65	108.46
414	27.60	3.93	103.81
374	24.93	4.05	99.88
388	25.87	3.66	95.83
415	27.67	3.72	92.17
401	26.73	4.30	88.45
390	26.00	5.86	84.15
358	23.87	5.48	78.29
350	23.33	5.07	72.81
390	26.00	3.51	67.74
422	28.13	5.69	64.23
434	28.93	3.25	58.54
389	25.93	5.73	55.29
398	26.53	2.92	49.56
356	23.73	6.10	46.64
414	27.60	2.86	40.54
324	21.60	5.81	37.68
430	28.67	5.39	31.87
366	24.40	3.27	26.48
362	24.13	2.88	23.21
342	22.80	5.64	20.33
358	23.87	3.27	14.69
455	30.33	4.43	11.42
349	23.27	6.07	6.99
326	21.73	0.92	0.92

平均积深（mm）	401
平均（%）	26.73
平均间距（m）	4.59
总长（m）	120

附录 5　声呐检测案例

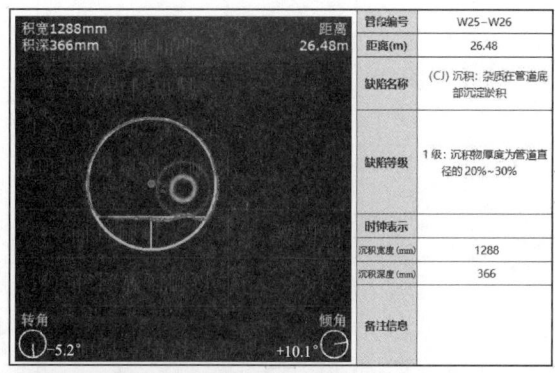

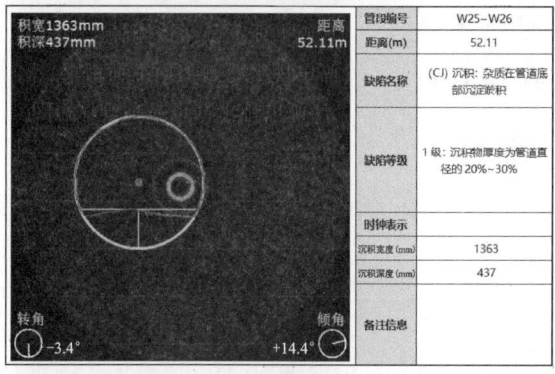

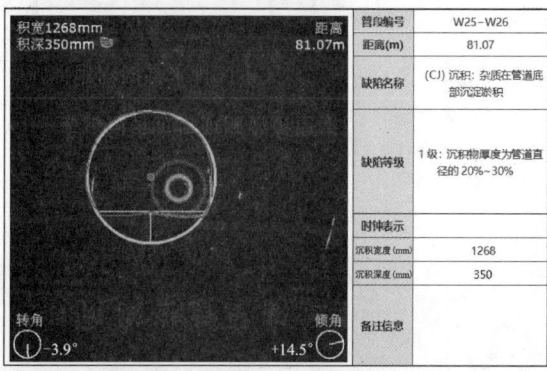

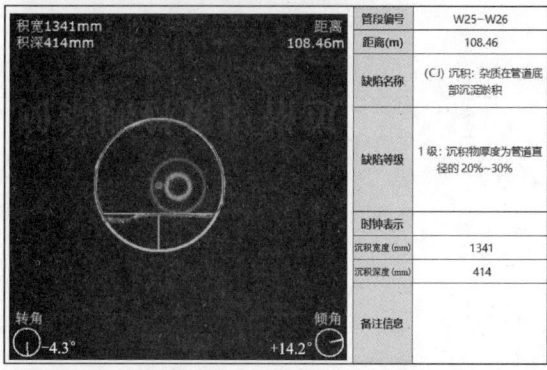

附图 5-7　W25~W26 管道声呐检测图表

附表 5-9 W59～W60 管段沉积状况纵断图及缺陷详细表

管段编号	W59～W60	管道直径(mm)	1800	管段长度(m)	120	权属单位	—
管道类型	雨污合流管道	管道埋深(m)	6.90	检测长度(m)	120	检测单位	—
管道材质	钢筋混凝土管	检测人员	王宇	检测日期	2021年09月10日	检测地址	武汉主城区
井							淤积量:9.20m³

积深(mm)	比例(%)	间距(m)	距离(m)		平均积深(mm)	平均(%)	平均间距(m)	总长(m)
128	7.11	3.21	113.40		129	7.18	4.05	120
121	6.72	5.30	110.19					
123	6.83	2.86	104.89					
155	8.61	3.14	102.03					
146	8.11	3.86	98.89					
164	9.11	3.48	95.03					
96	5.33	3.66	91.55					
139	7.72	2.91	87.89					
102	5.67	2.91	84.98					
132	7.33	3.78	82.07					
138	7.67	3.05	78.29					
101	5.61	5.49	75.24					
132	7.33	2.98	69.75					
144	8.00	5.93	66.77					
107	5.94	5.39	60.84					
105	5.83	5.40	55.45					
139	7.72	2.88	50.05					
99	5.50	5.59	47.17					
123	6.83	5.76	41.58					
115	6.39	3.20	35.82					
150	8.33	3.34	32.62					
139	7.72	5.76	29.28					
144	8.00	3.07	23.52					
124	6.89	2.87	20.45					
113	6.28	2.94	17.58					
110	6.11	5.29	14.64					
108	6.00	5.52	9.35					
102	5.67	3.23	3.83					
121	6.72	0.60	0.60					

附录 5 声呐检测案例

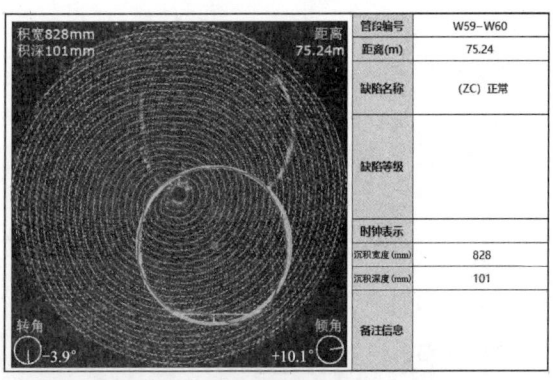

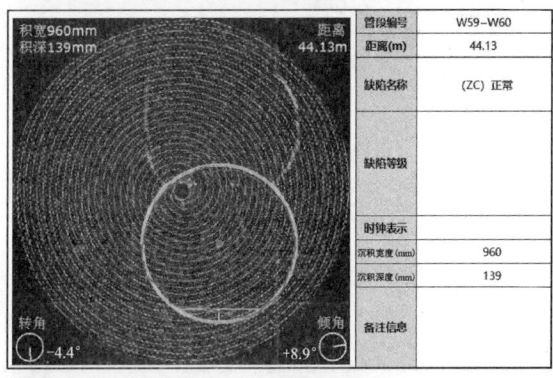

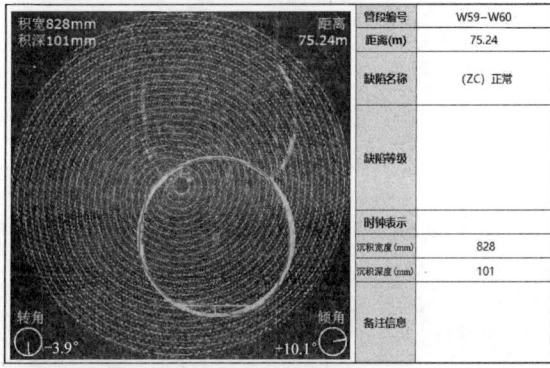

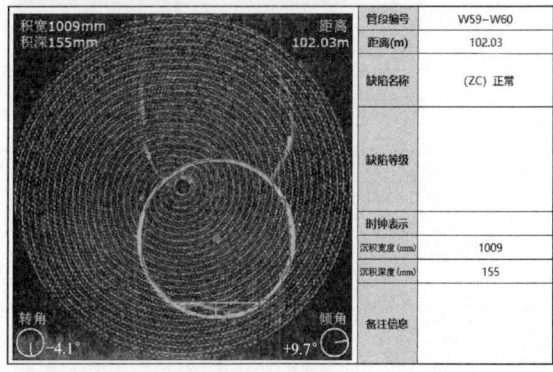

附图 5-8 W59～W60 管道声呐检测图表

附录6 管道潜望镜检测案例

第一节 管道潜望镜检测项目

1. 工程概况

附表6-1 管道潜望镜检测项目工程概况表

工程名称	江岸区排水管网结构性缺陷复核调查		
工程地点	武汉市江岸区		
建设单位	—		
设计单位	—		
施工单位	—		
监理单位	—		
质量监督	—		
检测和评估依据标准	《城市排水许可管理办法》建设部令第152号 《城市排水监测工作管理规定》建城字〔1992〕886号 《城市地下管线探测技术规程》(CJJ 61—2017) 《城乡排水工程项目规范》(GB 55027—2022) 《城市地下管线工程档案管理办法》建设部令第136号		
管道段数/长度(m)	536/5 219.8	检测段数/长度(m)	536/4 428.1
检测目的	常规见证检验	检测日期	2020年10月至12月
采用仪器设备和技术方法	检测仪器设备:管道潜望镜 设备移动方式:人工牵引 管道封堵方法:—— 临时排水方法:—— 管道清洗方法:高压水枪		

2. 项目某街道检查井检测工程量

附表 6-2 检查井检测工程计量表

	单位	座
	总数量	68
	检测数量	68
	有缺陷数量	4
	完好数量	64
外部调查	井盖埋没数量	0
	井盖丢失数量	0
	井盖破损数量	0
	井框破损数量	1
内部调查	井壁裂缝数量	2
	井壁渗漏数量	0
	抹面脱落数量	1
	井底积泥、杂物数量	0
	防坠网缺损数量	67

3. 项目某街道管道检测工程量表

附表 6-3 检查井检测工程计量表

序号	名称	管径(mm)	管道长度(m)	检测长度(m)	备注
1	雨污合流管道(混凝土管)	300	7.3	7.3	分2段
2	雨污合流管道(混凝土管)	400	1	1	分1段
	总计		8.3	8.3	共3段

第二节 管道潜望镜检测方案

1. 施工流程

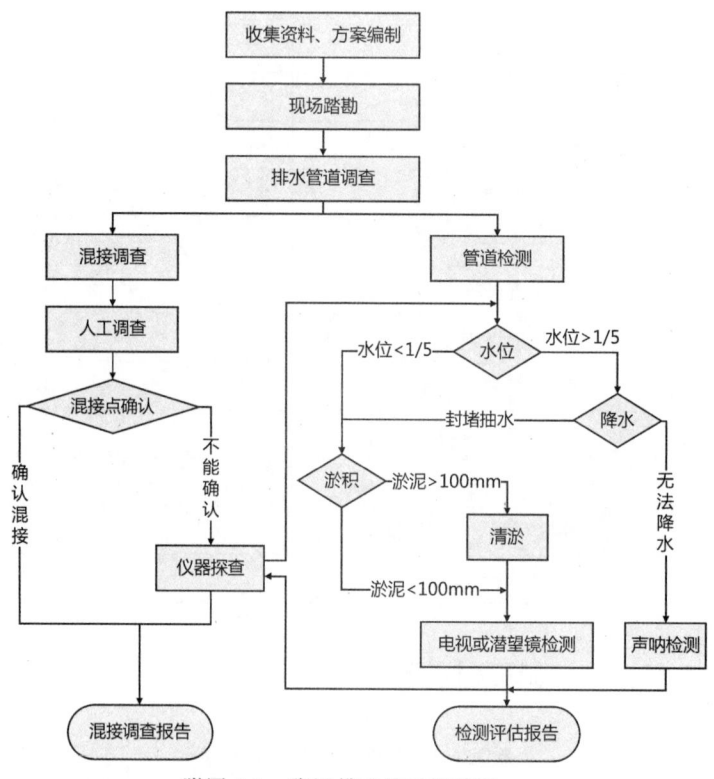

附图 6-1 溯源排查施工流程图

2 管网排查手段

(1)管线排查。综合运用人工调查、仪器探查、水质检测、泵站运行配合等方法,对排水管线进行排查。排水管道及检查井检测时的现场作业应符合现行行业标准《城镇排水管道维护安全技术规程》(CJJ 6—2009)、《城镇排水管道与泵站运行、维护及安全技术规程》(CJJ 68—2016)、《城镇排水管道检测与评估技术规程》(CJJ 181—2012)等有关规定。现场使用的检测设备,其安全性能应符合现行国家标准《爆炸性气体环境用电气设备》(GB 3836—2010)的有关规定。从事排水管道检测和评估的单位应具备相应资质,检测、调查人员应培训合格后方可上岗。

(2)混接排查。雨污混接调查是排水管网排查的核心内容,其主要对排查范围内的雨污水管道及附属设施通过人工调查、染色实验、烟雾实验等方法来判定管道内混接点的位置,后期再通过相关仪器对混接量和混接水质进行进一步的测定,从而查明整个排水系统的真实混接状况,并可对混接的严重程度进行科学判断。

(3)现场调查方法。雨污混接调查的主要目的在于查明调查地区雨污管道相互连通的状况、混接点准确位置等信息,其调查的方法包括人工开井调查、内窥检查、烟雾检查、染色检查等,具体方法参照《城镇排水管道检测与评估技术规程》(CJJ 181—2012)。在调查中,根据现场的实际情况,调查员选择合适的方法进行雨污混接调查工作。调查方法适用条件及注意事项详见附表6-4。

附表6-4 雨污混接调查方法表

排查方法	适用情况	注意事项
人工调查	水位较低的检查井,通过目测、简易工具等方式进行开井调查	适用范围较窄,局限性大,难适应管道内水位高的情况,不能明确管道的结构和功能性状况
潜望镜检测	检测管道内水面以上的情况,管道长度不宜大于50m	观察管道是否存在严重的堵塞、错口、渗漏等问题,镜头保持在水面以上
CCTV检测	不应带水作业。当现场条件无法满足时,应采取降低水位措施,确保管道内水位不大于管道直径的20%	检测前应对管道实施封堵、导流,使管内水位满足检测要求,在进行结构性检测前应对被检测管道做疏通、清洗
烟雾检查	在管道内无水或少量水时(充满度小于0.65),调查管道的连接方式	不需要检查的管道进行临时封堵
染色检查	在管道内有一定水量且水体流动的条件下进行	需人工辅助观测
泵站配合调查	在泵站配合排水时,观察管道内水流方法来确定管道的连接状况	需人工辅助观测
水质检测	无法目测判定接入水性质的情况下,通过测定水质的COD浓度,判断接入点是否为混接点	满足采样要求,及时送样分析

(4)主要检测技术(管道潜望镜检测)。本次项目主要采用管道潜望镜在检查井内对管道进行检测的方法,简称QV检测,是管道内窥检测技术的一种,不但能够解决摄像距离满足不了管道长度以及上传速率太过缓慢不能同步的问题,而且能够准确判断管道材质缺陷、腐蚀程度及具体位置,其检测结果可以作为管道健康状况的评估依据。QV检测系统主要由两部分构成:平板控制系统、安装摄像头的手提竿。操作员可以通过调控控制系统来调节摄像头自由旋转、镜头拉伸、拍摄和观察同步进行,并将原始录像资料保存在主控器里,以供做进一步的分析。并且在该系统上搭载了激光测距仪、自动除雾等功能,为大埋深、大口径管道的检测、清淤及修复提供完整的参考资料。QV检测技术用录像的方式对管道内部的沉积、管道破损、异物穿入、渗漏、支管暗接等状态进行监测和拍摄,可以长距离清晰地观看并记录管道内部的一切状况,然后视频传到地面主控机里储存起来。由专业人员对所有的录像资料进行一一分析,系统全面地检测管道内基本情况,了解其排水质量及运行情况,以及出水口的位置和管道的受损程度,书写管道检测报告,为管道的维护和修复提供经济、高效的检测方法。

附图 6-2 QV 管道潜望镜设备　　　　附图 6-3 管道潜望镜作业图

第三节　管道潜望镜检测报告

1. 检查井检测报告

(1) 检查井结果汇总见附表 6-5。

附表 6-5　检查井缺陷结果统计表

序号	检查井编号	检查井类型	井体材质	井盖材质	外部缺陷状况	内部缺陷状况
1	YS001	检测井	砖砌	塑料		井壁裂缝
2	YS002	检测井	砖砌	塑料		井壁裂缝
3	WS001	检测井	砖砌	塑料	井框破损	
4	WS002	检测井	砖砌	塑料		抹面脱落

(2) 检查井调查详表见附表 6-6。

附表 6-6　检查井调查成果表

检查井编号	\multicolumn{7}{c}{WS001}						
性质	雨水井	井体材质	砖砌	井盖形状	圆形	井盖材质	塑料
调查内容							
外部调查				内部调查			
井盖埋没				井壁裂缝			√
井盖丢失				井壁渗漏			
井盖破损				抹面脱落			
井框破损				井底积泥、杂物			
外部照片				内部照片			

86

续附表 6-6

检查井编号				WS001				
—								

检查井编号				YS002				
性质	雨水井	井体材质	砖砌	井盖形状	圆形	井盖材质	塑料	
调查内容								
外部调查				内部调查				
井盖埋没				井壁裂缝		✓		
井盖丢失				井壁渗漏				
井盖破损				抹面脱落				
井框破损				井底积泥、杂物				
外部照片				内部照片				
—								

检查井编号				WS001				
性质	污水井	井体材质	砖砌	井盖形状	圆形	井盖材质	塑料	
调查内容								
外部调查				内部调查				
井盖埋没				井壁裂缝				
井盖丢失				井壁渗漏				
井盖破损				抹面脱落				
井框破损		✓		井底积泥、杂物				
外部照片				内部照片				

续附表 6-6

检查井编号	WS001						
—							

检查井编号				WS002			
性质	污水井	井体材质	砖砌	井形状	圆形	井盖材质	塑料
调查内容							
外部调查				内部调查			
井盖埋没				井壁裂缝			
井盖丢失				井壁渗漏			
井盖破损				抹面脱落		√	
井框破损				井底积泥、杂物			
外部照片				内部照片			
—							

2. 管道检测报告

(1) 管道检测结果汇总见附表 6-7。

附表 6-7 管道缺陷检测结果表

管道编号	管径(mm)	材质	管道长度(m)	检测长度(m)	缺陷特征
HS01-HS02	400	混凝土管	1	1	纵向 1m 处，环向 0305 位置存在 3 级破裂
HS03-HS04	300	混凝土管	3.8	3.8	纵向 1.6m 处，环向 0012 位置存在 4 级脱节
HS04-HS05	300	混凝土管	3.5	3.5	纵向 0.9m 处，环向 0012 位置存在 4 级脱节

(2)管道缺陷明细表见附表 6-8。

附表 6-8 管道缺陷检测明细表

缺陷名称	级别				小计
	1级(轻微) 缺陷个数(个)	2级(中等) 缺陷个数(个)	3级(严重) 缺陷个数(个)	4级(重大) 缺陷个数(个)	
(AJ)支管暗接	0	0	0	—	0
(BX)变形	0	0	0	0	0
(CK)错口	0	0	0	0	0
(CR)异物穿入	0	0	0	0	0
(FS)腐蚀	0	0	0	0	0
(PL)破裂	0	0	0	1	1
(QF)起伏	0	0	0	—	0
(SL)渗漏	0	0	0	0	0
(TJ)脱节	0	0	0	2	2
(TL)接口材料脱落	0	0	—	—	0
合计	0	0	0	3	3

(3)管道缺陷汇总统计图见附图 6-4。

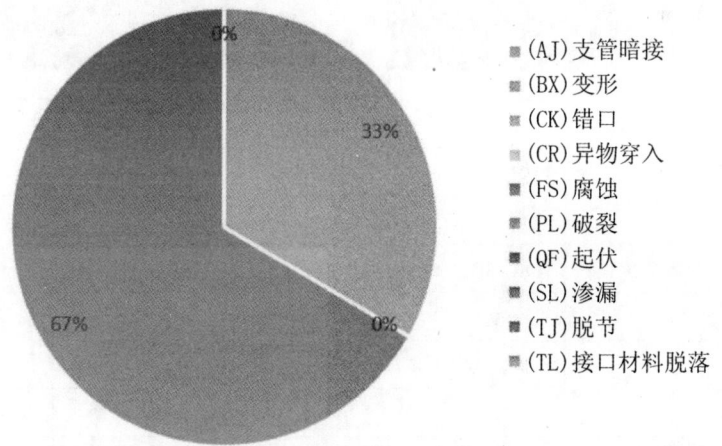

附图 6-4 管道缺陷统计图

(4)管道检测与评估结果见附表 6-9。

附表 6-9 管道检测与评估成果表

录像文件	HS01-HS02	起始井号	HS02	终止井号	HS01
敷设年代	2010年10月10日	起点埋深(m)	0.95	终点埋深(m)	0.9

续附表 6-9

录像文件	HS01-HS02	起始井号	HS02	终止井号	HS01
管道类型	雨污合流管道	管道材质	混凝土	管道直径(mm)	400
检测方向	逆流	管道长度(m)	1	检测长度(m)	1
修复指数	5.40	养护指数	—	检测人员	—
检测地点	江岸区			检测日期	2020年12月20日
距离(m)	缺陷名称代码	分值	等级	管道内部状况描述	缺陷点环形位置(时钟表示)	照片
1	(PL)破裂	5	3	管壁破裂或脱落处所剩碎片的环向覆盖范围不大于弧长60°	0305	1
				HS02环境照片		
备注信息						

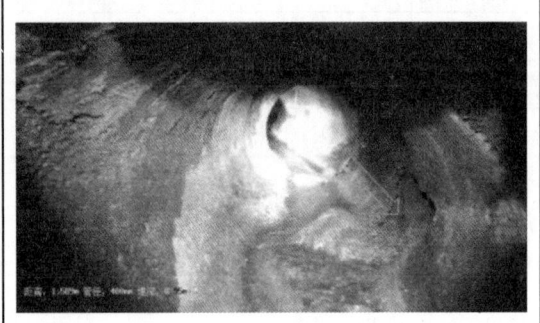

照片1	HS02环境照片

录像文件	HS03-HS04	起始井号	HS03	终止井号	HS04
敷设年代	2010年10月10日	起点埋深(m)	0.8	终点埋深(m)	1.05
管道类型	雨污合流管道	管道材质	混凝土	管道直径(mm)	300
检测方向	顺流	管道长度(m)	3.8	检测长度(m)	3.8
修复指数	8.90	养护指数	—	检测人员	—
检测地点	江岸区			检测日期	2020年12月20日
距离(m)	缺陷名称代码	分值	等级	管道内部状况描述	缺陷点环形位置(时钟表示)	照片
1.6	(TJ)脱节	10	4	严重脱节:脱节距离为5cm以上	0012	1
				HS03环境照片		
备注信息						

附录 6 管道潜望镜检测案例

续附表 6-9

录像文件	HS01-HS02	起始井号	HS02	终止井号	HS01
照片 1			HS03 环境照片		
录像文件	HS04-HS05	起始井号	HS04	终止井号	HS05
敷设年代	2010 年 10 月 10 日	起点埋深(m)	0.62	终点埋深(m)	1.2
管道类型	雨污合流管道	管道材质	混凝土	管道直径(mm)	300
检测方向	顺流	管道长度(m)	3.5	检测长度(m)	3.5
修复指数	8.90	养护指数	—	检测人员	—
检测地点	江岸区			检测日期	2020 年 12 月 20 日

距离(m)	缺陷名称代码	分值	等级	管道内部状况描述	缺陷点环形位置（时钟表示）	照片
0.9	(TJ)脱节	10	4	严重脱节:脱节距离为 5cm 以上	0012	1
HS04 环境照片						

备注信息

照片 1	HS04 环境照片

(5) 管道评估结果及建议见附表6-10。

附表6-10 管道缺陷评估及修复建议表

管段编号	材质	管径(mm)	长度(m)	起点埋深(m)	终点埋深(m)	结构性缺陷					功能性缺陷			
						平均值 S	最大值 S_{max}	缺陷等级	缺陷密度	修复指数 RI	综合状况评价	平均值 Y	最大值 Y_{max}	缺陷等级	缺陷密度	养护指数 MI	综合状况评价
HS01-HS02	混凝土	400	1	0.95	0.9	5	5	Ⅲ	1	5.4	(整体缺陷)管道缺陷严重,结构状况在短期内可能会发生破坏,应尽快修复	—	—	—	—	—	—
HS03-HS04	混凝土	300	3.8	0.8	1.05	5.25	10	Ⅳ	0.53	8.9	(部分或整体缺陷)管道存在严重大缺陷,管道损坏严重或即将发生或即将破坏,结构已经发生或即将破坏,应立即修复	—	—	—	—	—	—
HS04-HS05	混凝土	300	3.5	0.62	1.2	10	10	Ⅳ	0.29	8.9	(部分或整体缺陷)管道存在严重大缺陷,管道损坏严重或即将发生或即将破坏,结构已经发生或即将破坏,应立即修复	—	—	—	—	—	—